新媒体美工一册通

龙飞 等编著

电子工业出版社
Publishing House of Electronics Industry
北京·BEIJING

内容简介

本书是一本讲解如何使用 Photoshop 进行新媒体美工设计的实例操作型自学教程，可以帮助读者更好地管理、经营自己的新媒体平台，进行内容优化，实现利益的最大化。

本书从平面美工、电商美工、UI 美工及运营美工等方面，打造新媒体美工设计一体化方案，一本书轻松玩转新媒体美工设计。

本书从多个平台实战中提炼出了 15 个新媒体设计专题内容，共计有 45 个经典实例，内容涉及平面广告、品牌形象、封面包装、店铺海报、店铺活动、商品详情、微商微店、移动 APP、小程序 UI、游戏 UI、H5 页面、社交平台、资讯媒体、视频直播、音频微课等，以近 900 多张图片对互联网时代的新媒体美工设计进行重点展示。

本书结构清晰，适合从事新媒体行业的平面设计人员阅读，也可以作为各类计算机培训中心、大中专院校等相关专业的辅导教材。

本书配套光盘包括书中案例的素材文件、效果文件以及视频教程。

未经许可，不得以任何方式复制或抄袭本书之部分或全部内容。
版权所有，侵权必究。

图书在版编目（CIP）数据

新媒体美工一册通 / 龙飞等编著. -- 北京：电子工业出版社，2019.8
ISBN 978-7-121-35527-1

Ⅰ.①新… Ⅱ.①龙… Ⅲ.①图象处理软件 Ⅳ.① TP391.413

中国版本图书馆 CIP 数据核字 (2018) 第 259540 号

责任编辑：田 蕾　　特约编辑：刘红涛
印　　刷：中国电影出版社印刷厂
装　　订：中国电影出版社印刷厂
出版发行：电子工业出版社
　　　　　北京市海淀区万寿路 173 信箱　邮编：100036
开　　本：720×1000　1/16　印张：17.5　字数：452 千字
版　　次：2019 年 8 月第 1 版
印　　次：2019 年 8 月第 1 次印刷
定　　价：89.90 元（含光盘 1 张）

凡所购买电子工业出版社图书有缺损问题，请向购买书店调换。若书店售缺，请与本社发行部联系，联系及邮购电话：（010）88254888，88258888。
质量投诉请发邮件至 zlts@phei.com.cn，盗版侵权举报请发邮件至 dbqq@phei.com.cn。
本书咨询联系方式：（010）88254161 ~ 88254167 转 1897。

前　言

2018 年，新媒体时代已然来临。"新媒体"这个词对人们来说已经耳熟能详，但是对新媒体的了解却不多。那么，什么是新媒体呢？

新媒体是相对于电视、广播、报纸等传统媒体而言的新的媒体形态。它是一个比较宽泛的概念，是基于移动互联网，面向客户提供信息和娱乐的一种传播形态。

新媒体是随着移动互联网的发展而产生的，也是之后几年媒体的发展趋势和走向。此时，新媒体已经成为我们做好公关、品牌推广、产品宣传、增粉引流的一项重要渠道和方法。

新媒体利用微信、微博等自媒体平台进行品牌推广、产品营销；策划品牌相关的、优质的、有高度传播性的内容和线上活动；向客户广泛或者精准地推送消息，提高参与度和知名度，从而充分利用粉丝效应，达到相应的目的。也就是说，新媒体具有营销速度快、互动性强、成本低、内容丰富、信息量大，能为企业宣传、产品销售、自媒体吸粉引流带来良好的效果。

本书由资深新媒体美工及新媒体运营总监共同编写，系统地向读者讲解如何科学合理、正确有效地进行新媒体内容的设计与装饰，从"学以致用"的角度出发，通过大量的实例解析，讲解新媒体设计知识、新媒体平台制作、新媒体广告设计、新媒体视觉运营等实战操作。

本书共分为 4 大篇，分别为平面美工、电商美工、UI 美工及运营美工，共包括 15 章，总计 45 个实战实例，涉及热门新媒体平台的多个方面，涵盖多个行业与多种类型。

【平面美工篇】：包括平面广告、品牌形象、封面包装 3 大平面设计方向，且包括了 9 个实战实例：百货商家广告、珠宝画册、数码产品广告、LOGO 设计、个人名片、路标竖旗、书籍包装、手提袋包装、药品盒包装等设计实例。

【电商美工篇】：包括店铺海报、店铺活动、商品详情页、微商微店 4 大电商设计方向，包括 12 个实战实例：美妆网店海报、腕表店铺海报、农产品海报、元旦活动、"双十一"促销、新品秒杀、坚果详情、饼干详情、书籍详情、图书微店轮播、微店界面设计、微商朋友圈广告等设计实例。

【UI 美工篇】：包括移动 UI、小程序 UI、游戏 UI、H5 页面 4 大 UI 设计方向，包括 12 个实战实例：图标设计、登录界面、APP 内容界面、电商 H5 页面、公司 H5 页面、招牌 H5 页面、外卖小程序、摄影小程序、旅游小程序、社交类游戏、角色扮演类游戏、休闲类游戏等设计实例。

【运营美工篇】：包括社交应用、资讯媒体、视频直播、音频微课 4 大平台设计方向，包括 12 个实战实例：朋友圈背景设计、求关注设计、微博主图、一点资讯横幅、百度新闻推送、豆瓣书店、快手宣传、抖音名片、直播宣传页、微课讲师宣传页、微课讲师展示页、喜马拉雅活动页等设计实例。

本书从文案、图片、短视频等多个方面入手，着重介绍新媒体美工可以使用的设计方法，重点讲解这些新媒体媒介的设计技巧与方法。具有以下 3 大特点：

（1）内容知识面广。本书从平面美工、电商美工、UI 美工及运营美工 4 个大方向全面、详细地描述了新媒体美工需要掌握的设计方向和技能，以新媒体为核心，以运营营销为根本出发点通过 15 章专题实例的详解，帮助读者彻底掌握新媒体美工的设计技巧。

（2）实例详细精美。精选小程序、公众号、朋友圈、H5 界面、微商、微博、直播等多个热门平台，详细讲解了各个平台各个模块的设计制作方法，更好、更精确地传达所要表达的信息；同时，详细讲解节日、促销、新品推广、海报、宣传册、H5 设计、APP 设计等常见效果的设计制作，一本书即可解决用户学习新媒体美工的设计需求。

（3）实际、实用。本书实例贴近生活，设计内容实用接地气，实例经典且更具有说服力，并侧重于从实践中提炼、总结相关经验，实现理论＋经验＋技巧的结合，通俗易懂，实用性强，新媒体语音营销人员或者新媒体美工都能从中学习相关的营销或设计知识。

参与本书编写的人员有刘嫔、杨端阳、谭贤、柏松（笔名：龙飞）等，在此表示感谢。由于作者知识水平有限，书中难免存在错误和疏漏之处，恳请广大读者批评、指正，联系邮箱：itsir@163.com，微信：157075539。

读者服务

读者在阅读本书的过程中如果遇到问题，可以关注"有艺"公众号，通过公众号与我们取得联系。此外，通过关注"有艺"公众号，您还可以获取更多的新书资讯、书单推荐、优惠活动等相关信息。

投稿、团购合作：请发邮件至 art@phei.com.cn。

扫一扫关注"有艺"

目 录

平面美工篇

1 平面广告设计 ... 1
- 1.1 百货商场广告设计 ... 2
  - 1.1.1 制作商场海报背景效果 ... 2
  - 1.1.2 制作商场海报主体效果 ... 4
- 1.2 珠宝画册广告设计 ... 6
  - 1.2.1 制作珠宝画册背景效果 ... 7
  - 1.2.2 制作珠宝画册文字效果 ... 10
- 1.3 数码产品广告设计 ... 12
  - 1.3.1 制作数码产品广告主体效果 ... 12
  - 1.3.2 制作数码产品广告文字效果 ... 15

2 品牌形象设计 ... 17
- 2.1 企业品牌 LOGO 设计 ... 18
  - 2.1.1 制作企业品牌 LOGO 主体效果 ... 18
  - 2.1.2 制作企业品牌 LOGO 字符效果 ... 22
  - 2.1.3 制作企业品牌 LOGO 文字效果 ... 24
- 2.2 个人形象——名片设计 ... 26
  - 2.2.1 制作名片正面效果 ... 27
  - 2.2.2 制作名片背面效果 ... 29
- 2.3 企业路杆竖旗设计 ... 30
  - 2.3.1 绘制竖旗的路杆 ... 31
  - 2.3.2 绘制竖旗的吊牌 ... 34
  - 2.3.3 制作主题文字效果 ... 37

3 封面包装设计 ... 39
- 3.1 书籍包装设计 ... 40
  - 3.1.1 制作书籍包装主体效果 ... 40
  - 3.1.2 制作书籍包装立体效果 ... 42
- 3.2 手提袋包装设计 ... 46
  - 3.2.1 制作手提袋包装背景效果 ... 46
  - 3.2.2 制作手提袋包装立体效果 ... 48
- 3.3 药品盒包装设计 ... 50
  - 3.3.1 制作药品盒包装平面效果 ... 50
  - 3.3.2 制作药品盒包装立体效果 ... 51

电商美工篇

4 店铺海报设计 ... 55
- 4.1 美妆网店海报设计 ... 56
  - 4.1.1 制作纯色渐变效果 ... 56
  - 4.1.2 调整商品图像亮度 ... 57
  - 4.1.3 制作文案与图层样式 ... 58
- 4.2 腕表店铺广告海报设计 ... 60
  - 4.2.1 腕表店铺素材抠图处理 ... 60
  - 4.2.2 腕表店铺素材变换处理 ... 61
  - 4.2.3 制作文案与图层样式 ... 62
- 4.3 农产品广告海报设计 ... 63
  - 4.3.1 制作农产品广告海报主体效果 ... 64
  - 4.3.2 制作农产品广告海报文字效果 ... 65

5 店铺活动设计 67
5.1 元旦商场活动页面设计 68
5.1.1 制作商场折扣活动页面主体效果 68
5.1.2 制作商场折扣活动页面文字效果 70
5.2 "双十一"促销活动页面设计 71
5.2.1 制作"双十一"促销活动页面主体效果 72
5.2.2 制作"双十一"促销活动页面文字效果 73
5.3 新品上市特价秒杀页面设计 74
5.3.1 制作特价秒杀页面主体效果 75
5.3.2 制作特价秒杀页面文案效果 76

6 商品详情页设计 79
6.1 坚果零食详情页设计 80
6.1.1 制作坚果零食主体效果 80
6.1.2 制作坚果零食文字效果 82
6.2 零食饼干详情页设计 84
6.2.1 制作零食饼干详情页上部分效果 84
6.2.2 制作零食饼干详情页下部分效果 86
6.3 摄影书籍详情页设计 88
6.3.1 制作摄影书籍详情页主体效果 89
6.3.2 制作摄影书籍详情页文字效果 93

7 微商微店设计 97
7.1 图书微店轮播广告设计 98
7.1.1 制作微店轮播广告背景 98
7.1.2 添加微店轮播广告文字效果 100

7.2 图书微店首页界面设计 102
7.2.1 制作微店横幅广告效果 103
7.2.2 制作店铺商品展示效果 104
7.3 微商朋友圈广告设计 106
7.3.1 制作微商朋友圈广告背景效果 108
7.3.2 制作微商朋友圈广告文案效果 109

UI 美工篇

8 APP UI 设计 113
8.1 邮箱图标设计 114
8.1.1 设计邮箱图标主体效果 114
8.1.2 设计邮箱图标整体效果 115
8.2 登录注册界面设计 116
8.2.1 设计登录界面背景效果 117
8.2.2 设计登录界面主体效果 118
8.2.3 设计登录界面整体效果 121
8.3 移动 APP 界面设计 122
8.3.1 设计界面背景效果 123
8.3.2 设计界面整体效果 126

9 H5 移动页面设计 129
9.1 电商产品 H5 页面设计 130
9.1.1 设计电商产品杂色背景效果 130
9.1.2 设计电商产品信息点缀效果 132
9.2 公司介绍 H5 页面设计 134
9.2.1 公司介绍背景色块效果设计 134
9.2.2 公司介绍图片文字效果设计 135
9.2.3 公司介绍文字装饰效果设计 139
9.3 专场招聘会 H5 页面设计 141
9.3.1 专场招聘会渐变合成背景效果设计 141

9.3.2 专场招聘会招聘信息边框效果设计 144

9.3.3 专场招聘会文字宣传内容设计 146

10 小程序 UI 设计 149

10.1 外卖小程序 UI 设计 150
 10.1.1 外卖小程序 UI 主体效果设计 150
 10.1.2 外卖小程序 UI 细节效果设计 152
 10.1.3 外卖小程序 UI 文字效果设计 154

10.2 摄影小程序 UI 设计 157
 10.2.1 摄影小程序 UI 主体效果设计 157
 10.2.2 摄影小程序 UI 导航按钮设计 159

10.3 旅游小程序 UI 设计 161
 10.3.1 矩形搜索框效果设计 162
 10.3.2 功能菜单与首页广告效果设计 165

11 精美游戏 UI 设计 169

11.1 射击类游戏启动页设计 170
 11.1.1 射击类游戏背景效果设计 170
 11.1.2 射击类游戏文字效果设计 172
 11.1.3 射击类游戏按钮效果设计 173

11.2 角色扮演类游戏启动页设计 175
 11.2.1 制作游戏背景效果 176
 11.2.2 制作游戏主体效果 178

11.3 休闲类游戏启动页设计 181
 11.3.1 设计休闲类游戏背景效果 182
 11.3.2 设计休闲类游戏按钮效果 184
 11.3.3 设计休闲类游戏标题效果 188

运营美工篇

12 社交应用平台设计 191

12.1 朋友圈名人版背景封面设计 192
 12.1.1 制作朋友圈相册封面背景 192
 12.1.2 制作朋友圈相册封面头像 194
 12.1.3 制作朋友圈相册封面文案 195

12.2 公众号自媒体名人求关注设计 197
 12.2.1 制作矩形框背景效果 198
 12.2.2 制作公众号求关注主体效果 199
 12.2.3 制作自媒体求关注主体效果 201

12.3 微博主图设计 203
 12.3.1 制作微博主图主体效果 204
 12.3.2 制作微博主图文字效果 206

13 资讯媒体平台设计 209

13.1 一点资讯横幅广告设计 210
 13.1.1 制作横幅广告背景效果 210
 13.1.2 制作横幅广告文字效果 212

13.2 百度新闻推送广告设计 214
 13.2.1 制作广告背景效果 215
 13.2.2 制作广告主体效果 216
 13.2.3 制作广告文案效果 219

13.3 豆瓣书店页面广告设计 221
 13.3.1 制作豆瓣书店页面广告主体效果 221
 13.3.2 制作豆瓣书店页面广告文字效果 224

14 视频直播平台设计 229

14.1 快手摄影教程宣传设计 230
 14.1.1 制作教程宣传主体效果 230
 14.1.2 制作教程宣传文字效果 233

14.2 抖音个人名片设计 236
　　14.2.1 制作个人名片背景效果 237
　　14.2.2 制作个人名片主体效果 238
　　14.2.3 制作个人名片文字效果 240
14.3 直播应用宣传页面设计 243
　　14.3.1 制作直播应用背景效果 244
　　14.3.2 制作直播应用主体效果 246
　　14.3.3 制作直播应用文字效果 248

15 音频微课平台设计 251

15.1 千聊微课讲师宣传长页设计 252
　　15.1.1 制作微课讲师介绍页面 253
　　15.1.2 制作用户反馈与求关注
　　　　　页面 256
15.2 微课讲师页设计 258
　　15.2.1 制作微课讲师页主体效果 259
　　15.2.2 制作微课讲师页文字效果 262
15.3 喜马拉雅广播活动页设计 266
　　15.3.1 制作广播活动页背景效果 267
　　15.3.2 制作广播活动页文字效果 269

平面美工篇

平面广告设计

学习提示

　　平面广告设计主要是将广告的主题、创意、语言文字、形象及衬托等要素进行组合安排，通过广告来达到吸引用户眼球的目的，从而实现引流吸粉、推广产品和品牌的目的。本章主要介绍海报、宣传册和画册等广告设计实例。

本章重点导航

- 百货商场广告设计
- 珠宝画册广告设计
- 数码产品广告设计

1.1 百货商场广告设计

本实例设计的是一幅百货商场购物中心的公众号宣传海报。海报是一种比较直接、灵活的广告宣传形式,它是产品销售活动的最后一个环节,能在商品销售现场营造出良好的商业气氛,引起消费者的消费冲动,产生购买欲。

本实例最终效果如图1-1所示。

图1-1 实例效果

	素材文件	素材\第1章\百货商场广告设计.jpg、沙漠.jpg、光带.psd、边框.psd、礼品1.psd、花朵装饰.psd、礼品2.psd、写字.psd、文字1.psd
	效果文件	效果\第1章\百货商场广告设计.psd、百货商场广告设计.jpg
	视频文件	视频\第1章\1.1 百货商场广告设计.mp4

1.1.1 制作商场海报背景效果

本实例以绿色为整体色调,在其中添加各种装饰素材,为商场海报制作背景效果,具体操作方法如下:

步骤01 按【Ctrl+O】组合键,打开"百货商场广告设计.jpg"素材图像,效果如图1-2所示。

步骤02 打开"沙漠.jpg"素材图像,运用"移动工具"将其拖至背景图像编辑窗口中的合适位置,如图1-3所示。

图1-2 打开素材文件

图1-3 拖入素材图像

步骤03 在"图层"面板中,设置"图层1"图层的"混合模式"为"溶解"、"不透明度"为25%,效果如图1-4所示。

步骤04 为"图层1"图层添加一个图层蒙版,并填充黑色,隐藏部分图像效果,如图1-5所示。

图1-4 图像效果

图1-5 添加图层蒙版

步骤05 打开"光带.psd"素材图像,运用"移动工具"将其拖至背景图像编辑窗口中的合适位置,效果如图1-6所示。

图1-6 拖入光带素材

1 平面广告设计　3

步骤 06 打开"边框.psd"素材图像,运用"移动工具"将其拖至背景图像编辑窗口中的合适位置,如图 1-7 所示。

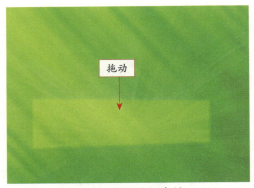

图 1-7 拖入边框素材

1.1.2 制作商场海报主体效果

本节主要运用图层蒙版、横排文字工具等制作春天商场海报的主体效果,再置入相应的素材图像,突出海报的主体效果,具体操作方法如下:

步骤 01 打开"礼品 1.psd"素材图像,运用"移动工具"将其拖至背景图像编辑窗口中的合适位置,效果如图 1-8 所示。

步骤 02 打开"花朵装饰.psd"素材图像,运用"移动工具"将其拖至背景图像编辑窗口中的合适位置,效果如图 1-9 所示。

图 1-8 拖入礼品素材

图 1-9 拖入花朵素材

步骤 03 打开"礼品 2.psd"素材图像,运用"移动工具"将其拖至背景图像编辑窗口中的合适位置,设置该图层的混合模式为"正片叠底",效果如图 1-10 所示。

步骤 04 打开"写字.psd"素材图像,运用"移动工具"将其拖至背景图像编辑窗口中的合适位置,为该图层添加图层蒙版,运用黑色的画笔工具在图像上涂抹,隐藏部分图像,效果如图 1-11 所示。

图 1-10 设置图层混合模式

图 1-11 隐藏部分图像

步骤 05 选取工具箱中的"横排文字工具",在图像上单击,确定插入点,设置"字体系列"为"华康海报体"、"字体大小"为 20 点、"颜色"为白色(RGB 参数值均为 255),输入文字,效果如图 1-12 所示。

步骤 06 选择"炫动"与"钜惠"文字,更改"字体大小"为 38 点,并适当旋转文字,效果如图 1-13 所示。

图 1-12 输入文字

图 1-13 调整文字大小和角度

步骤 07 双击文字图层,弹出"图层样式"对话框,选中"投影"复选框,设置"角度"为 120°、"距离"为 7 像素、"扩展"为 20%、"大小"为 10 像素,单击"确定"按钮,为文字图层添加"投影"样式,效果如图 1-14 所示。

图 1-14 添加图层样式

1 平面广告设计

步骤 08 打开"文字1.psd"素材图像,运用"移动工具"将其拖至背景图像编辑窗口中的合适位置,效果如图1-15所示。

图1-15 最终效果

1.2 珠宝画册广告设计

在新媒体商务活动中,画册在企业形象推广和产品营销中的作用越来越重要。本实例制作的是一个珠宝企业小程序的画册广告,体现高档、享受等效果,在设计时用一些独特的元素来体现珠宝的品质。

本实例最终效果如图1-16所示。

图1-16 实例效果

素材文件	素材\第1章\珠宝画册广告设计.jpg、飘带.psd、珠宝.psd、珠宝饰品.psd、星点.psd、星星.jpg
效果文件	效果\第1章\珠宝画册广告设计.psd、珠宝画册广告设计.jpg
视频文件	视频\第1章\1.2 珠宝画册广告设计.mp4

1.2.1 制作珠宝画册背景效果

珠宝画册背景以紫色调为整体色调，在其中添加各种金色和银色的珠宝饰品素材，体现出高贵感，具体操作方法如下：

步骤 01 按【Ctrl+O】组合键，打开"珠宝画册广告设计.jpg"素材，如图1-17所示。

步骤 02 打开"飘带.psd"素材，使用"移动工具"将素材图像拖至背景图像编辑窗口中，效果如图1-18所示。

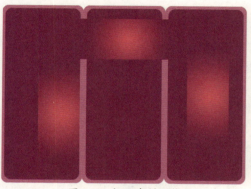

图1-17 打开素材图像

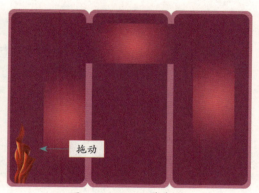

图1-18 添加飘带素材

步骤 03 双击"飘带"图层，在弹出的对话框中选中"外发光"复选框，设置"发光颜色"为淡黄色（RGB参数值为255、255、190），再设置其他参数，如图1-19所示。

步骤 04 设置完毕后，单击"确定"按钮，为图像添加图层样式，效果如图1-20所示。

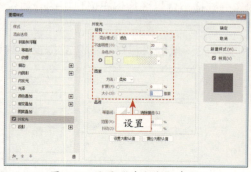

图1-19 设置"外发光"参数1

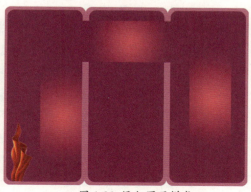

图1-20 添加图层样式1

1 平面广告设计　7

步骤05 打开"珠宝.psd"素材，使用"移动工具"将素材图像拖至背景图像编辑窗口中，效果如图 1-21 所示。

步骤06 双击"珠宝"图层，在弹出的对话框中选中"外发光"复选框，设置"发光颜色"为淡黄色（RGB 参数值为 255、255、190），再设置其他参数，如图 1-22 所示。

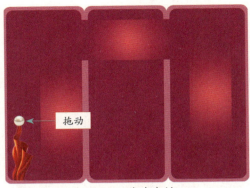
图 1-21 添加珍珠素材

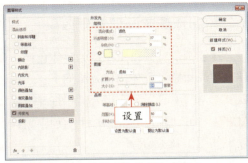
图 1-22 设置"外发光"参数 2

步骤07 设置完毕后，单击"确定"按钮，为图像添加图层样式，效果如图 1-23 所示。

步骤08 复制珍珠图像两次，并适当地调整每次复制后图像的位置，效果如图 1-24 所示。

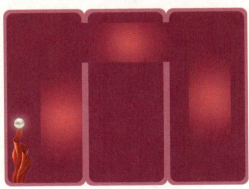
图 1-23 添加图层样式 2

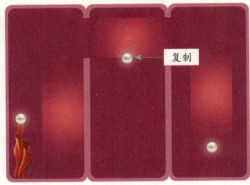
图 1-24 复制并调整图像

步骤09 打开"珠宝饰品.psd"素材，将素材图像分别拖至背景图像编辑窗口中的合适位置，效果如图 1-25 所示。

步骤10 打开"星点.psd"素材，将素材图像拖至背景图像编辑窗口中的合适位置，效果如图 1-26 所示。

图 1-25 添加珠宝饰品素材

图 1-26 添加星点素材

步骤 11 复制"星点"图层两次,并根据需要将图像分别调至第 2 个和第 3 个圆角矩形图像上,效果如图 1-27 所示。

步骤 12 打开"星星.jpg"素材,将素材图像拖至背景图像编辑窗口中的合适位置,效果如图 1-28 所示。

图 1-27 复制图像

图 1-28 添加星星素材图像

▶ 专家指点

新媒体运营者只有注重视觉设计,才能保证良好的视觉营销效果。基本的视觉图形主要分为三大类型,即点、线、面。点,属于最简单的视觉图形,当它被合理运用时就能产生良好的视觉效果。

步骤 13 设置"星星"图层的"混合模式"为"滤色",效果如图 1-29 所示。

步骤 14 复制"星星"图层多次,并根据需要对每次复制后图像的大小、位置、角度和方向进行适当的调整,效果如图 1-30 所示。

1 平面广告设计　9

图 1-29 设置图像　　　　　图 1-30 复制并调整图像

1.2.2 制作珠宝画册文字效果

下面介绍制作珠宝画册广告文字效果的方法。

步骤 01 选取"横排文字工具",展开"字符"面板,设置"颜色"为粉红色(RGB 参数值为 255、197、215),再设置各选项,如图 1-31 所示。

步骤 02 在图像编辑窗口中的合适位置输入所需的文字,效果如图 1-32 所示。

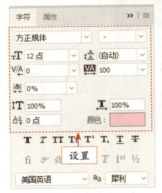

图 1-31 "字符"面板　　　　　图 1-32 输入文字

步骤 03 复制"爱帝珠宝"两次,根据需要调整文字的位置、大小和方向,如图 1-33 所示。

步骤 04 使用"横排文字工具"在图像编辑窗口中的合适位置单击确认插入点,展开"字符"面板,设置"字体系列"为"华文隶书"、"字体大小"为 7 点、"设置所选字符的字距调整"为 100、"颜色"为粉红色(RGB 参数值为 255、197、215),如图 1-34 所示。

步骤 05 在图像编辑窗口中的合适位置输入所需的文字,效果如图 1-35 所示。

图 1-33 复制并调整文字

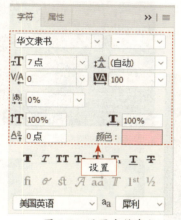

图 1-34 设置字符参数

图 1-35 输入文字

步骤 06 复制并调整文字，本实例制作完毕，效果如图 1-36 所示。

图 1-36 复制并调整文字

1 平面广告设计

1.3 数码产品广告设计

在设计新媒体平台的宣传广告时，应体现通俗化、大众化的原则。本实例通过添加产品素材、变换图像、添加文字和应用图层样式等技巧制作数码产品单反相机的宣传广告。

本实例最终效果如图 1-37 所示。

图 1-37 实例效果

素材文件	素材\第 1 章\数码产品广告设计 .jpg、相机 .psd、文字 2.psd、文字 3.psd
效果文件	效果\第 1 章\数码产品广告设计 .psd、数码产品广告设计 .jpg
视频文件	视频\第 1 章\1.3 数码产品广告设计 .mp4

1.3.1 制作数码产品广告主体效果

下面介绍制作数码产品广告主体效果的方法。

步骤 01 按【Ctrl + O】组合键，打开"数码产品广告设计 .jpg"素材图像，如图 1-38 所示。

步骤 02 新建"亮度/对比度 1"调整图层，展开"属性"面板，设置"亮度"为 42，提高图像亮度，效果如图 1-39 所示。

图 1-38 背景素材

图 1-39 提高图像亮度

步骤 03 打开"相机 .psd"素材,使用"移动工具"将素材图像拖至背景图像编辑窗口中,效果如图 1-40 所示。

步骤 04 复制"图层 1"图层,得到"图层 1 拷贝"图层,如图 1-41 所示。

图 1-40 相机素材

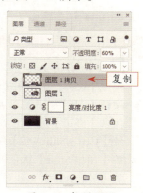
图 1-41 复制图层

步骤 05 按【Ctrl + T】组合键,调出自由变换控制框,单击鼠标右键,在弹出的快捷菜单中选择"垂直翻转"命令,如图 1-42 所示。

步骤 06 垂直翻转图像,按【Enter】键确认,效果如图 1-43 所示。

图 1-42 选择"垂直翻转"命令

图 1-43 翻转图像

步骤07 将"图层1拷贝"图层调整至"图层1"图层下方,如图1-44所示。
步骤08 适当调整复制图像的位置,效果如图1-45所示。

图1-44 调整图层顺序

图1-45 调整图像位置

▶ 专家指点

执行"编辑/自由变换"命令时:
◎ 按住【Ctrl】键并拖动某一控制点,可以进行自由变形调整。
◎ 按住【Alt】键并拖动某一控制点,可以进行对称变形调整。
◎ 按住【Shift】键并拖动某一控制点,可以进行等比例缩放。
◎ 按【Ctrl+Shift+T】组合键,可再次执行上一次的变换。
◎ 按【Alt+Shift】组合键,将以控制框的中心点为中心进行等比例缩放。
◎ 按【Ctrl+Shift+Alt+T】组合键,复制原图像后再执行变换操作。

步骤09 单击"图层"面板底部的"添加图层蒙版"按钮,❶为"图层1拷贝"图层添加蒙版;❷并设置"不透明度"为60%,如图1-46所示。
步骤10 选取"渐变工具",为图像填充黑白渐变,制作出倒影效果,如图1-47所示。

图1-46 添加蒙版并设置不透明度

图1-47 图像效果

1.3.2 制作数码产品广告文字效果

下面介绍制作数码产品广告文字效果的方法。

步骤 01 打开"文字 2.psd"素材,将素材图像拖至适当位置,如图 1-48 所示。

步骤 02 选取"横排文字工具",在图像编辑窗口中确认输入点,在工具属性栏设置"字体系列"为"方正粗宋简体"、"字体大小"为 8 点、"颜色"为洋红色(RGB 参数值为 255、0、120),输入文字"Konni",按【Ctrl + Enter】组合键确认,效果如图 1-49 所示。

图 1-48 添加文字素材　　　　　　图 1-49 输入文字

步骤 03 使用"横排文字工具"选中文字,在"字符"面板中,设置各选项,如图 1-50 所示。

步骤 04 设置完毕后按【Ctrl + Enter】组合键确认,改变文字属性,效果如图 1-51 所示。

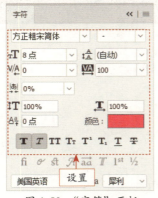

图 1-50 "字符"面板　　　　　　图 1-51 改变文字属性

步骤 05 双击文字图层,在弹出的对话框中选择"描边"复选框,设置"大小"为 2 像素、"颜色"为白色,其他参数保持不变,如图 1-52 所示。

步骤 06 单击"确定"按钮,应用图层样式,效果如图 1-53 所示。

1 平面广告设计

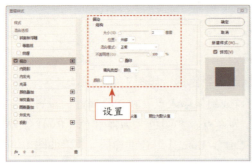

图 1-52 设置"描边"参数

图 1-53 应用图层样式

步骤 07 使用横排文字工具在图像编辑窗口中输入需要的文字,并调整好文字的属性和位置,复制"Konni"文字图层上的图层样式,将其分别粘贴于其他文字图层上,使各文字应用图层样式,效果如图 1-54 所示。

步骤 08 打开"文字 3.psd"素材,使用"移动工具"将素材图像拖至背景图像编辑窗口中的合适位置,效果如图 1-55 所示。

图 1-54 输入文字

图 1-55 添加文字素材

平面美工篇

2 品牌形象设计

学习提示

视觉识别（Visual Identity,VI）借助一切可见的视觉符号在企业内外传递与企业相关的信息。标志是一种特殊语言，是一种人类社会活动中不可缺少的符号，具有特殊的传播功能。

本章重点导航

- 企业品牌 LOGO 设计
- 个人形象——名片设计
- 企业路标竖旗设计

2.1 企业品牌LOGO设计

头像就等于辨认一个用户的标志，有时甚至比用户名还重要，因为眼睛一般都会先读图，而不是文字。所以，一个有特色、能吸引人注意的今日头条头像，可以给企业带来更多的关注。

本实例最终效果如图2-1所示。

图2-1 实例效果

	素材文件	素材\第2章\高光.psd
	效果文件	效果\第2章\企业品牌LOGO设计.psd、企业品牌LOGO设计.jpg
	视频文件	视频\第2章\2.1 企业品牌LOGO设计.mp4

2.1.1 制作企业品牌LOGO主体效果

下面介绍制作头条号企业品牌LOGO主体效果的方法。

步骤01 选择"文件"|"新建"命令，弹出"新建文档"对话框，在其中设置"名称""宽度""高度""分辨率""颜色模式""背景内容"等参数，如图2-2所示。

步骤02 选取椭圆工具，在工具属性栏上选择"工具模式"为"路径"，在图像编辑窗口的正上方绘制一个合适大小的椭圆形路径，效果如图2-3所示。

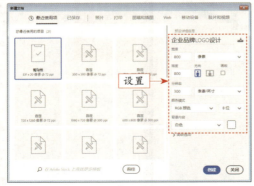

图2-2 "新建文档"对话框

图2-3 绘制椭圆形路径

步骤 03 选取"转换点工具",将鼠标指针移至椭圆路径上方的锚点上,此时鼠标指针呈▶形状,如图 2-4 所示。

步骤 04 单击鼠标左键,即可将平滑锚点转换为尖锐锚点,效果如图 2-5 所示。

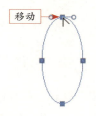

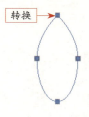

图 2-4 鼠标指针改变形状　　　　　　　　　图 2-5 转换锚点

▶ **专家指点**

"转换点工具"主要用于转换路径锚点的属性。若锚点为尖锐锚点,运用"转换点工具"在锚点上单击鼠标左键并拖动,即可将该锚点转换为平滑锚点;若锚点为平滑锚点,在该锚点上单击鼠标左键,即可将平滑锚点转换为尖锐锚点。

步骤 05 参照步骤 03 ~ 04 的操作方法,将椭圆路径正下方的平滑锚点转换为尖锐锚点,效果如图 2-6 所示。

步骤 06 按【Ctrl+Enter】组合键,将路径转换为选区,如图 2-7 所示。

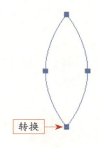

图 2-6 转换锚点 2　　　　　　　　　图 2-7 将路径转换为选区

步骤 07 新建"图层 1"图层,使用"渐变工具"为选区填充 RGB 参数值分别为(245、255、199)(209、242、27)(0、145、28)的三色线性渐变,如图 2-8 所示。

步骤 08 按【Ctrl+D】组合键,取消选区,效果如图 2-9 所示。

2 品牌形象设计

图 2-8 填充线性渐变　　　　　　　　　图 2-9 取消选区

步骤 09 双击"图层 1"图层,弹出"图层样式"对话框,选中"投影"复选框,各选项设置如图 2-10 所示。

步骤 10 选中"外发光"复选框,设置"颜色"的 RGB 参数值为 255、255、190,各选项设置如图 2-11 所示。

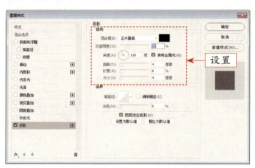
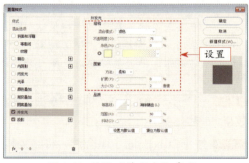

图 2-10 设置"投影"参数　　　　　　　图 2-11 设置"外发光"参数

步骤 11 选中"光泽"复选框,设置"颜色"的 RGB 参数值为 253、255、239,各选项设置如图 2-12 所示。

步骤 12 设置完毕后单击"确定"按钮,即可为图像添加相应的图层样式,如图 2-13 所示。

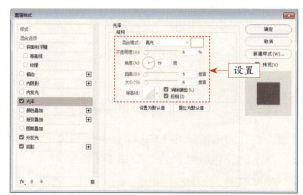

图 2-12 设置"光泽"参数　　　　　　　图 2-13 添加图层样式的效果

步骤 13 按【Ctrl + O】组合键,打开"高光.psd"素材图像,运用"移动工具"将其拖至当前图像编辑窗口中,适当调整图像的大小和位置,效果如图 2-14 所示。

步骤 14 设置"图层 2"图层的"混合模式"为"叠加"、"不透明度"为 100%,改变图像效果,如图 2-15 所示。

图 2-14 添加高光素材　　　　　　　　图 2-15 设置图层的混合模式

步骤 15 复制"图层 1"图层和"图层 2"图层,将复制的图层进行合并,重命名为"花瓣 1",如图 2-16 所示。

步骤 16 ❶复制"花瓣 1"图层,得到"花瓣 1 拷贝"图层;❷按【Ctrl+T】组合键,调出自由变换控制框,并调整中心控制点的位置,效果如图 2-17 所示。

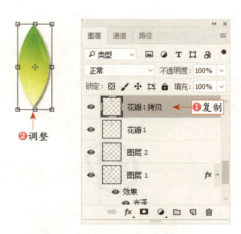

图 2-16 合并图层　　　　　　　　　　图 2-17 复制和调整图像

步骤 17 在工具属性栏上设置"旋转"为 45°,此时,图像随之进行相应角度的旋转,效果如图 2-18 所示,按【Enter】键,即可确认图像的旋转。

步骤18 按【Ctrl + Shift + Alt + T】组合键 6 次，即可复制并旋转图像 6 次，制作出花瓣图像，效果如图 2-19 所示。

图 2-18 旋转图像　　　　　　　　　图 2-19 复制并旋转图像

2.1.2 制作企业品牌 LOGO 字符效果

下面介绍制作头条号企业品牌 LOGO 字符效果的方法。

步骤01 使用"横排文字工具"在图像编辑窗口中输入符号，在"字符"面板中设置"字体系列"为"方正美黑简体"、"字体大小"为 30 点，并激活仿斜体图标，使字符倾斜，效果如图 2-20 所示。

步骤02 选择"图层"|"栅格化"|"文字"命令，将文字栅格化，并锁定"@"图层的透明像素，如图 2-21 所示。

图 2-20 输入字符　　　　　　图 2-21 锁定 @ 图层的透明像素

步骤 03 使用"渐变工具"为图像填充 RGB 参数值分别为（245、255、199）、（209、242、27）、（136、201、0）的径向渐变，效果如图 2-22 所示。

步骤 04 双击"@"图层，弹出"图层样式"对话框，选中"投影"复选框，各选项设置如图 2-23 所示。

图 2-22 填充渐变色　　　　　　　　图 2-23 设置"投影"参数

步骤 05 选中"外发光"复选框，设置发光颜色的 RGB 参数值为 171、255、73，各选项设置如图 2-24 所示。

步骤 06 选中"光泽"复选框，设置效果颜色的 RGB 参数值为 255、232、232，各选项设置如图 2-25 所示。

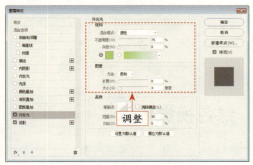 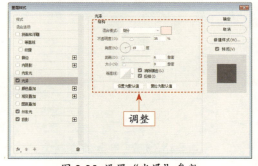

图 2-24 设置"外发光"参数　　　　　图 2-25 设置"光泽"参数

步骤 07 选中"颜色叠加"复选框，设置叠加颜色的 RGB 参数值为 30、22、22，各选项设置如图 2-26 所示。

步骤 08 设置完毕后单击"确定"按钮，即可为字符添加图层样式，效果如图 2-27 所示。

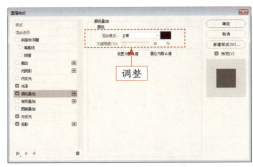
图 2-26 设置"颜色叠加"参数

图 2-27 应用图层样式

2.1.3 制作企业品牌 LOGO 文字效果

下面介绍制作头条号企业品牌 LOGO 文字效果的方法。

步骤 01 选取"横排文字工具",在图像编辑窗口的下方单击鼠标左键并拖动,即可显示一个虚线框,至合适位置后释放鼠标左键,即可得到一个文本框,且有一个闪烁的光标,效果如图 2-28 所示。

步骤 02 选择一种输入法,输入文字,效果如图 2-29 所示。

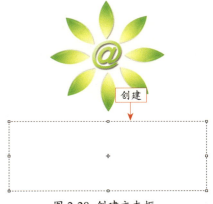
图 2-28 创建文本框

图 2-29 输入文字

步骤 03 按【Enter】键,文字光标切换至另一行,效果如图 2-30 所示。

步骤 04 根据需要输入中文字的字母拼写,效果如图 2-31 所示。

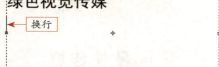

图 2-30 换行

图 2-31 输入字母

步骤 05 使用"横排文字工具"选择文本框中的中文内容，展开"字符"面板，设置"字体系列"为"方正美黑简体"、"字体大小"为 12 点、"颜色"为深绿色（RGB 参数值分别为 10、50、0），效果如图 2-32 所示。

步骤 06 使用"横排文字工具"选择文本框中的字母拼写，展开"字符"面板，设置"字体系列"为"Elephant"、"字体大小"为 6 点、"颜色"为深绿色（RGB 参数值分别为 10、50、0），如图 2-33 所示。

图 2-32 调整中文文字属性

图 2-33 调整字母拼写属性

步骤 07 设置完毕后，按【Ctrl+Enter】组合键确认，在"字符"面板中设置"行距"为 18 点，效果如图 2-34 所示。

步骤 08 展开"段落"面板，单击"居中对齐文本"按钮，再适当地调整文字的位置，本实例制作完毕，效果如图 2-35 所示。

图 2-34 设置行距　　　　　　　图 2-35 最终效果

2.2 个人形象——名片设计

名片是一个人在社会生活上的一种身份象征。在社会生活中，有很多场合都需要用到名片的这种"自我介绍"功能，每当这个时候，名片充当的就是一个人在社会成员中的形象，是一个人在社会上的一种身份象征。每个人的名片都会具体注明一个人最基本的信息，例如：姓名、职业、职位、电话等等。

本实例的最终效果如图 2-36 所示。

图 2-36 个人形象——名片设计

素材文件	素材\第2章\素材1.jpg、标志1.psd、线条装饰.psd、文字1.psd、文字2.psd
效果文件	效果\第2章\名片设计.psd、名片设计.jpg
视频文件	视频\第2章\2.2 名片设计.mp4

2.2.1 制作名片正面效果

下面介绍制作名片正面效果的方法。

步骤01 选择"文件"｜"打开"命令，打开"素材1.jpg"素材图像，如图2-37所示。

步骤02 选取"矩形工具"，在工具属性栏中选择"像素"选项，单击"几何选项"按钮，弹出相应面板，选中"固定大小"单选按钮，设置W为9厘米、H为5.5厘米，如图2-38所示。

图2-37 打开素材图像

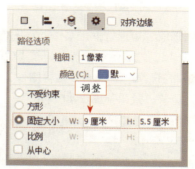

图2-38 "矩形选项"面板

步骤03 新建"图层1"图层，设置"前景色"为白色，在图像编辑窗口中单击鼠标左键，即可绘制一个固定大小的矩形，如图2-39所示。

步骤04 选择"文件"｜"打开"命令，打开"标志1.psd"素材图像，将素材拖至图像编辑窗口中，并适当地调整素材图像的大小和位置，效果如图2-40所示。

图2-39 绘制矩形

图2-40 拖入素材

2 品牌形象设计　27

步骤05 打开"线条装饰.psd"素材图像，运用"移动工具"将其拖至背景图像编辑窗口中的合适位置，效果如图2-41所示。

步骤06 将"线条装饰"图层移至"图层1"图层的上方，选择"图层"｜"创建剪贴蒙版"命令，创建剪贴蒙版，效果如图2-42所示。

图2-41 添加素材

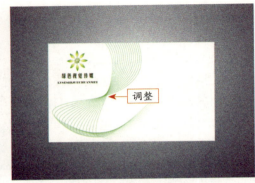
图2-42 创建剪贴蒙版

步骤07 选取"矩形选框工具"，在图像编辑窗口中创建一个合适的矩形选区，新建"图层2"图层，为选区填充黑色，按【Ctrl＋D】组合键，取消选区，效果如图2-43所示。

步骤08 打开"文字1.psd"素材图像，运用"移动工具"将其拖至背景图像编辑窗口中的合适位置，效果如图2-44所示。

图2-43 填充黑色

图2-44 添加文字素材

步骤09 运用"横排文字工具"输入"绿色视觉传媒有限公司"文字，展开"字符"面板，设置"字体系列"为"方正大标宋简体"、"字体大小"为15点、按【Ctrl＋Enter】组合键，改变文字属性，效果如图2-45所示。

步骤10 打开"文字2.psd"素材图像，运用"移动工具"将其拖至背景图像编辑窗口中的合适位置，效果如图2-46所示。

图 2-45 输入文字

图 2-46 添加文字素材

2.2.2 制作名片背面效果

下面介绍制作名片背面效果的方法。

步骤 01 复制"图层 1""标志 1"和"线条装饰"图层，将复制的图像移至合适位置，再对标志和线条图像的大小及位置进行适当的调整，效果如图 2-47 所示。

步骤 02 运用"横排文字工具"，在图像编辑窗口中的合适位置分别输入相应的文字，效果如图 2-48 所示。

图 2-47 调整图像

图 2-48 输入文字

步骤 03 双击"图层 1 副本"图层，弹出"图层样式"对话框，选中"投影"复选框，各选项设置如图 2-49 所示。

步骤 04 单击"确定"按钮，为矩形图像添加"投影"图层样式，此时，完成名片背面效果的制作，如图 2-50 所示。

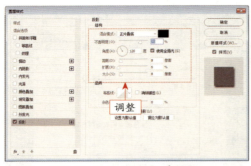
图 2-49 设置"投影"参数

图 2-50 添加"投影"图层样式

步骤 05 将"图层1 副本"图层上的图层样式复制并粘贴于"图层1"图层上,为白色矩形添加图层样式,效果如图 2-51 所示。

步骤 06 根据需要对名片的正面和背面效果进行适当的调整,效果如图 2-52 所示。

图 2-51 复制并粘贴图层样式

图 2-52 调整图像

2.3 企业路杆竖旗设计

标志是一种特殊语言,是一种人类社会活动中不可缺少的符号,它具有特殊的传播功能。

本实例的最终效果如图 2-53 所示。

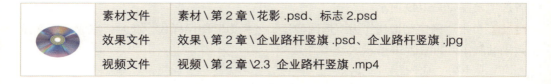

素材文件	素材\第 2 章\花影 .psd、标志 2.psd
效果文件	效果\第 2 章\企业路杆竖旗 .psd、企业路杆竖旗 .jpg
视频文件	视频\第 2 章\2.3 企业路杆竖旗 .mp4

图 2-53 路杆竖旗

2.3.1 绘制竖旗的路杆

下面介绍制作竖旗路杆的方法，主要运用图层样式制作路杆的效果图层。

步骤 01 选择"文件"|"新建"命令，新建一个名为"企业路杆竖旗"的 RGB 颜色模式的文档，设置"宽度"为 14 厘米、"高度"为 15 厘米、"分辨率"为 300 像素/英寸、"背景内容"为"白色"，如图 2-54 所示，单击"创建"按钮。

步骤 02 新建"图层 1"图层，选取工具箱中的矩形选框工具，在图像编辑窗口中的合适位置按下鼠标左键并拖动，绘制一个矩形选区，如图 2-55 所示。

图 2-54 新建文档

图 2-55 绘制矩形

步骤 03 选择"渐变工具"，设置渐变效果，从左到右填充 RGB 线性渐变颜色，0% 的位置 RGB 为 243、244、244，60% 的位置 RGB 为 200、201、201，100% 的位置 RGB 为 122、120、120，按【Ctrl+D】组合键取消选区，效果如图 2-56 所示。

步骤04 双击"图层1"图层,弹出"图层样式"对话框,选中"描边"复选框,设置"大小"为3像素、"颜色"为深灰色（RGB参数值分别为77、78、78）,效果如图2-57所示。

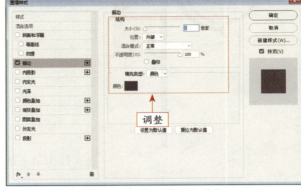

图2-56 填充线性渐变　　　　　　　　图2-57 设置"描边"样式

步骤05 选中"渐变叠加"复选框,设置"渐变"为黑色到透明的线性渐变、"角度"为0°,单击"确定"按钮添加样式,效果如图2-58所示。

步骤06 新建"图层2"图层,运用"矩形选框工具"在图像编辑窗口的上方绘制矩形选区,运用"渐变工具"在选区中从左到右填充RGB线性渐变颜色,0%的位置RGB均为236、60%的位置RGB均为143、100%的位置RGB均为12,并取消选区,效果如图2-59所示。

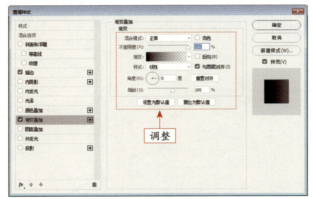

图2-58 添加渐变样式　　　　　　　　图2-59 填充渐变效果

步骤07 在"图层"面板中,将鼠标指针移至"图层1"图层右侧的"指示图层效果"图标上,按住【Alt】键的同时按下鼠标左键并向上拖至"图层2"图层上,复制图层样式,效果如图2-60所示。

步骤08 新建"图层3"图层,选取工具箱中的"椭圆选框工具",按住【Shift】键的同时按下鼠标左键绘制一个圆形选区,运用"渐变工具"在选区中从左到右填充 RGB 的径向渐变,0% 的位置 RGB 均为 236、100% 的位置 RGB 为(67、67、74),并取消选区,效果如图 2-61 所示。

图 2-60 添加图层样式　　　　　　　图 2-61 径向渐变

步骤 09　用与前面相同的方法,为"图层 3"图层赋予相同的图层样式,效果如图 2-62 所示。

步骤 10　新建"图层 4"图层,在图像编辑窗口中绘制一个矩形选区,运用渐变工具,在选区中从上到下填充 RGB 的线性渐变 0% 的位置 RGB 为 184、182、183,100% 的位置 RGB 为 74、82、76,并取消选区,效果如图 2-63 所示。

图 2-62 添加图层样式　　　　　　　图 2-63 绘制矩形选区

步骤 11　选取工具箱中的"移动工具",按住【Alt】键的同时按下鼠标左键并拖动"图层 4"中的图像至合适位置,效果如图 2-64 所示。

步骤 12　用与前面相同的方法,拖动并复制图像,按【Ctrl + T】组合键调出自由变换控制框,缩小图像并调整其位置,合并"图层 4"的副本图层,效果如图 2-65 所示。

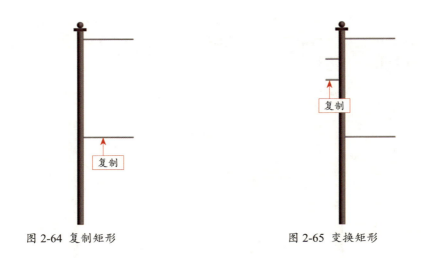

图 2-64 复制矩形　　　　　　　图 2-65 变换矩形

2.3.2 绘制竖旗的吊牌

下面介绍制作竖旗吊牌的方法。

步骤 01 选取工具箱中的"椭圆选框工具",单击工具属性栏中的"从选区减去"按钮,在图像编辑窗口中绘制一个圆环选区,如图 2-66 所示。

步骤 02 选取工具箱中的"矩形选框工具",单击工具属性栏中的"从选区减去"按钮,在圆环选区的左侧绘制一个矩形选区,将圆环选区的左侧从选区中减去,如图 2-67 所示。

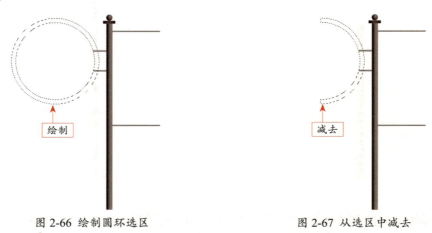

图 2-66 绘制圆环选区　　　　　图 2-67 从选区中减去

步骤 03 选取工具箱中的"矩形选框工具",单击工具属性栏中的"添加到选区"按钮,在圆环选区的左侧绘制一个矩形选区,新建"图层 5"图层,运用"渐变工具"在选区中从左到右填充 RGB 的线性渐变,0% 的位置 RGB 为 243、244、244,100% 的位置

RGB 为 122、120、120，取消选区，如图 2-68 所示。

步骤 04 在"图层"面板中，将鼠标指针移至"图层 3"图层右侧的"指示图层效果"图标上，按住【Alt】键的同时按下鼠标左键并向上拖至"图层 5"图层上，复制图层样式，效果如图 2-69 所示。

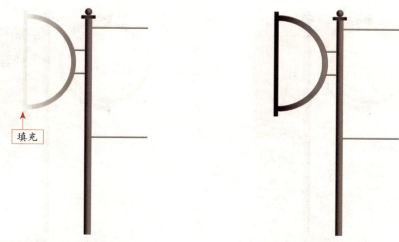

图 2-68 线性渐变填充选区　　　　　　图 2-69 复制图层样式

步骤 05 新建"图层 6"图层，在图像编辑窗口绘制一个圆形，运用渐变工具在选区内由上到下填充黄色（RGB 参数值分别为 255、241、0）到红色（RGB 参数值分别为 230、2、38）的线性渐变，效果如图 2-70 所示。

步骤 06 选择"选择"|"变换选区"命令，等比例缩小选区，并在选区内填充白色，并取消选区，效果如图 2-71 所示。

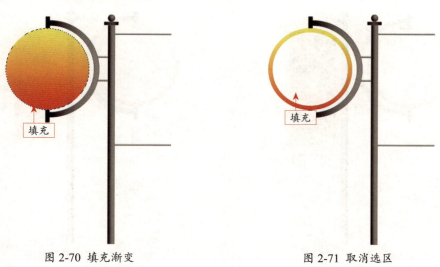

图 2-70 填充渐变　　　　　　　　　　图 2-71 取消选区

步骤 07 新建"图层 7"图层,在图像编辑窗口的右侧绘制一个矩形选区,运用"渐变工具"在选区内由左到右填充黄色到红色的线性渐变,效果如图 2-72 所示。

步骤 08 打开"花影 .psd"素材图像,运用"移动工具"将其拖至背景图像编辑窗口中的合适位置,效果如图 2-73 所示。

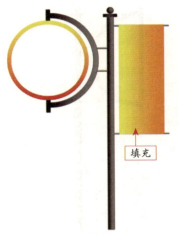

图 2-72 填充渐变

图 2-73 拖入花影素材

步骤 09 在"图层"面板中,将鼠标指针移至"图层 7"图层的缩览图处,按住【Ctrl】键的同时单击鼠标左键调出选区,选择"选择"|"反选"命令,反选选区,按【Delete】键删除选区内的图像,取消选区,效果如图 2-74 所示。

步骤 10 设置"花影"图层的"混合模式"为"划分"、"不透明度"为 37%,效果如 2-75 所示。

图 2-74 删除图像

图 2-75 设置不透明度

2.3.3 制作主题文字效果

下面介绍制作竖旗图案和文字的方法。

步骤01 打开"标志2.psd"素材图像,运用"移动工具"将其拖动背景图像编辑窗口中的合适位置,效果如图2-76所示。

步骤02 选择"直排文字工具",选择"窗口"|"字符"命令,展开"字符"面板,设置"字体系列"为"方正姚体"、"字体大小"为24点、"颜色"为白色、"设置行距"为80点、"设置所选字符的字距调整"为200,并激活仿粗体图标,在图像编辑窗口的右侧输入文字,效果如图2-77所示。

图 2-76 添加标志素材

图 2-77 输入文字

步骤03 选择"直排文字工具",选择"窗口"|"字符"命令,展开"字符"面板,设置"字体系列"为"News701 BT"、"字体大小"为13点、"颜色"为白色、"设置行距"为80点、"设置所选字符的字距调整"为–30,在图像编辑窗口的右侧输入文字,如图2-78所示。

用户可以参照上述方法,制作出其他的路杆竖旗,效果如图2-79所示。

图 2-78 输入文字

2 品牌形象设计 37

图 2-79 延伸效果

平面美工篇

3 封面包装设计

学习提示

　　商品包装具有和广告一样的效果,是企业与消费者进行第一次接触的桥梁,它也是一个极为重要的宣传媒介。包装设计以商品的保护、使用和促销为目的,在传递商品信息的同时也给人以美的艺术享受,可以提高商品的附加值和竞争力。

本章重点导航

- 书籍包装设计
- 手提袋包装设计
- 药品盒包装设计

3.1 书籍包装设计

本实例设计的是一本《云淡风轻》散文集的书籍封面。本实例使用淡蓝色作为主色调，以白色作为辅助色，以书的名称作为视觉要点，运用图片、文字等设计元素，突出了书籍的主体特性。

本实例最终效果如图 3-1 所示。

 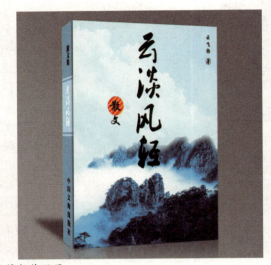

图 3-1 书籍包装效果

	素材文件	素材\第 3 章\天空 .jpg、山海 .jpg、封面文字素材 .psd、背景 .jpg
	效果文件	效果\第 3 章\书籍包装设计 .psd、书籍包装设计 .jpg、书籍包装立体效果 .psd、书籍包装立体效果 .jpg
	视频文件	视频\第 3 章\3.1 书籍包装设计 .mp4

3.1.1 制作书籍包装主体效果

下面主要应用"移动工具"与图层蒙版制作手提袋封面。

步骤 01 选择"文件"｜"新建"命令，弹出"新建"对话框，在其中设置各选项，如图 3-2 所示，单击"创建"按钮，即可新建空白文档。

步骤 02 选择"视图"｜"新建参考线"命令，弹出"新建参考线"对话框，设置"位置"分别为 0 厘米、0.3 厘米、2.5 厘米、21 厘米、21.3 厘米，新建 5 条垂直参考线，如图 3-3 所示。

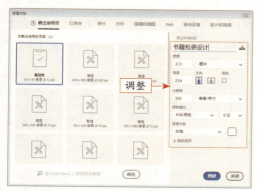

图 3-2 设置各选项　　　　　　　　　图 3-3 新建垂直参考线

步骤 03　选择"视图"丨"新建参考线"命令，弹出"新建参考线"对话框，选中"水平"单选按钮，依次设置"位置"为 0 厘米、0.3 厘米、23.3 厘米、23.6 厘米，新建 4 条水平参考线，效果如图 3-4 所示。

步骤 04　设置"前景色"为淡蓝色（RGB 参数值分别为 158、209、231），新建"图层 1"图层，使用"矩形工具"，依据参考线，绘制一个填充矩形，效果如图 3-5 所示。

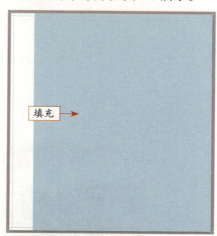

图 3-4 新建水平参考线　　　　　　　　图 3-5 绘制一个填充矩形

步骤 05　打开"天空 .jpg"素材图像，运用"移动工具"将其拖至背景图像编辑窗口中的合适位置，并适当调整其大小，在"图层"面板中，设置图层的"混合模式"为"滤色"、"不透明度"为 81%，效果如图 3-6 所示。

步骤 06　打开"山海 .jpg"素材图像，运用"移动工具"将其拖至背景图像编辑窗口中的合适位置，效果如图 3-7 所示。

步骤 07　选中"山海"图层，单击"图层"面板底部的"添加图层蒙版"按钮，添加图层蒙版，运用黑色的"画笔工具"，调整相应的画笔大小和不透明度，在图像编辑窗口中，对图像进行涂抹，隐藏部分图像，效果如图 3-8 所示。

步骤 08 打开"封面文字素材.psd"素材图像，运用"移动工具"将素材图像拖至背景图像编辑窗口中的合适位置，效果如图 3-9 所示。

图 3-6 调整素材属性

图 3-7 添加素材图像

图 3-8 隐藏部分图像

图 3-9 添加文字素材

3.1.2 制作书籍包装立体效果

下面主要通过盖印图层，运用"扭曲"命令、"斜切"命令、图层蒙版工具等，制作出手提袋包装的倒影效果。

步骤 01 选择"图层"|"拼合图像"命令，将所有图层合并为"背景"图层，使用"矩形选框工具"，依据参考线，创建一个矩形选区，如图 3-10 所示，按【Ctrl＋C】组

合键，复制选区内的图像。

步骤02 打开"背景.jpg"文件，按【Ctrl＋V】组合键，粘贴图像，按【Ctrl＋T】组合键，调出变换控制框，适当调整图像的大小和位置。在图像编辑窗口中，单击鼠标右键，在弹出的快捷菜单中选择"扭曲"命令，按住【Shift】键的同时，依次向下或向上拖动相应的控制柄，扭曲图像，按【Enter】键确认变换操作，如图3-11所示。

图 3-10 拼合图层并创建选区

图 3-11 调整图像形状

步骤03 在"图层"面板中，选中"图层1"图层并复制，得到"图层1拷贝"图层，选择"编辑"｜"变换"｜"垂直翻转"命令，垂直翻转图像，并将其移至合适的位置，效果如图3-12所示。

步骤04 选择"编辑"｜"变换"｜"斜切"命令，调出变换控制框，向上拖动右侧的控制柄至合适的位置，按【Enter】键，确认变换操作，效果如图3-13所示。

图 3-12 垂直翻转并移动图像

图 3-13 斜切调整图像

步骤05 在"图层"面板中,设置"不透明度"为40%,单击"图层"面板底部的"添加图层蒙版"按钮,添加图层蒙版,使用"渐变工具"在图像编辑窗口中填充黑色到白色的线性渐变,从下到上拖动,隐藏部分图像,效果如图3-14所示。

步骤06 用与上面相同的方法,制作书籍的书脊立体效果,如图3-15所示。

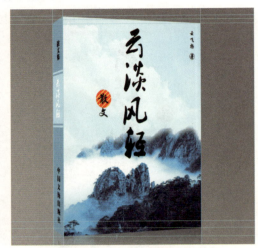

图3-14 隐藏部分图像　　　　　　　　　　图3-15 制作书籍的书脊效果

步骤07 在"图层"面板中,选择"背景"图层,设置"前景色"为深灰色(RGB参数值均为74),新建"图层3"图层,使用"多边形套索工具",在工具属性栏中设置"羽化"为8像素,创建一个多边形羽化选区,效果如图3-16所示。

步骤08 使用"油漆桶工具",在选区内单击鼠标左键,填充前景色,并取消选区,如图3-17所示。

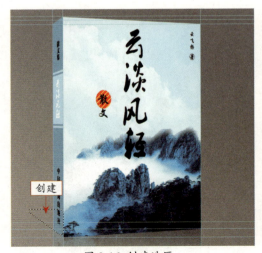

图3-16 创建选区　　　　　　　　　　图3-17 填充前景色

步骤09 在"图层"面板中,选择"图层1"图层,双击图层,弹出"图层样式"对话框,选中"投影"复选框,设置"不透明度"为50%、"角度"为1°,单击"确定"按钮,添加"投影"图层样式,将"图层1"图层拖至顶层,调整图层顺序,效果如图3-18所示。

步骤10 选择"视图"|"显示"|"参考线"命令,隐藏参考线,效果如图3-19所示。

图3-18 添加图层样式

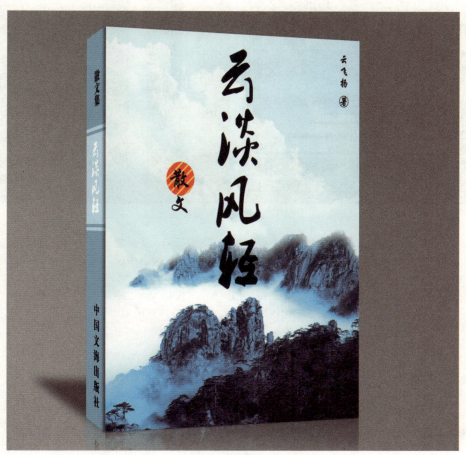

图3-19 最终效果

3.2 手提袋包装设计

手提袋是人们日常生活中经常使用到的物品，它给人带来方便的同时，也宣传了企业和企业的商品，具有宣传性强、范围广、时间长等特点。本实例通过常用的"渐变工具"和图层样式制作手提袋平面效果，再通过变换操作制作出立体的手提袋效果。本实例的目的是让读者掌握制作手提袋的整个流程与操作技巧。

本实例效果如图 3-20 所示。

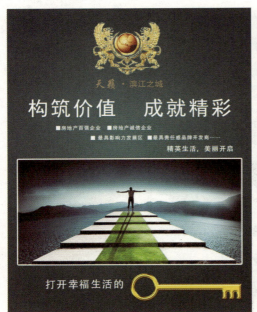 

图 3-20 手提袋包装效果

	素材文件	素材\第 3 章\手提袋背景.jpg、手提袋图案.psd、手提袋包装文字.psd、手提袋立体背景.psd、手提袋侧面.psd、手提袋投影.psd
	效果文件	效果\第 3 章\手提袋包装设计.psd、手提袋包装设计.jpg、手提袋立体效果.psd、手提袋立体效果.jpg
	视频文件	视频\第 3 章\3.2 手提袋包装设计.mp4

3.2.1 制作手提袋包装背景效果

下面主要运用"渐变工具"与图层样式等，制作出手提袋包装的背景效果。

步骤 01 按【Ctrl + O】组合键，打开"手提袋背景.jpg"素材图像，如图 3-21 所示。

步骤 02 打开"手提袋图案.psd"素材图像,运用"移动工具"将其拖至背景图像编辑窗口中的合适位置,如图 3-22 所示。

图 3-21 打开背景素材　　　　　　　　　图 3-22 添加图案素材

步骤 03 选取工具箱中的"横排文字工具",展开"字符"面板,设置"字体系列"为"华文行楷"、"字体大小"为 14 点、"颜色"为黄灰色(RGB 参数值为 177、145、103),在标志图像下方单击鼠标左键,确认插入点,并输入文字,效果如图 3-23 所示。

步骤 04 使用"横排文字工具"选中"滨江之城"文字,展开"字符"面板,设置"字体系列"为"方正黑体简体"、"字体大小"为 10 点,如图 3-24 所示。

图 3-23 输入文字　　　　　　　　　　图 3-24 调整选中文字

步骤 05 设置完毕后,按【Ctrl + Enter】组合键确认输入及变换,效果如图 3-25 所示。

步骤 06 打开"手提袋包装文字.psd"素材图像,运用"移动工具"将其拖至背景图像编辑窗口中的合适位置,如图 3-26 所示。

3 封面包装设计　47

图 3-25 确认文字效果　　　　　　　　图 3-26 添加文字素材

3.2.2 制作手提袋包装立体效果

下面主要通过盖印图层操作,以及"扭曲"命令、"钢笔工具"及"描边"命令等,制作出手提袋包装的立体效果;运用"斜切"命令、图层蒙版、编组及"多边形套索工具"等,制作出手提袋包装的倒影效果。

步骤01 按【Ctrl + O】组合键,打开"手提袋立体背景 .psd"素材图像,如图 3-27 所示。

步骤02 确认"手提袋包装平面效果"为当前图像编辑窗口,按【Ctrl + Alt + Shift + E】组合键,盖印图层,得到"图层 4"图层,如图 3-28 所示。

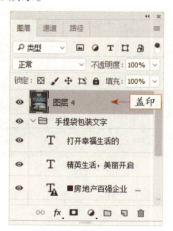

图 3-27 背景素材　　　　　　　　图 3-28 盖印图层

步骤03 运用"移动工具"将该图像移至"手提袋立体背景"图像编辑窗口中,按【Ctrl + T】组合键,调出变换控制框,按住【Alt + Shift】组合键的同时,等比例缩小图像,再按【Enter】键确认变换，效果如图3-29所示。

步骤04 选择"编辑"|"变换"|"扭曲"命令，调出变换控制框，依次向下和向上拖动右上角和右下角的控制柄，扭曲图像，双击鼠标左键确认变换操作，效果如图3-30所示。

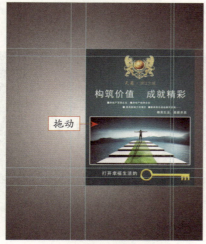

图3-29 拖入图像素材

图3-30 扭曲调整图像

步骤05 按【Ctrl+O】组合键，打开"手提袋侧面.psd"素材图像，将素材图像拖至背景图像编辑窗口中的合适位置，效果如图3-31所示。

步骤06 按【Ctrl+O】组合键，打开"手提袋投影.psd"素材图像，将素材图像分别拖至背景图像编辑窗口中的合适位置，调整画面，效果如图3-32所示。

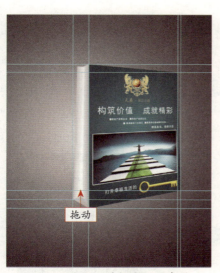

图3-31 添加手提袋侧面素材

图3-32 拖入素材图像

3 封面包装设计　49

3.3 药品盒包装设计

本实例设计的是药品盒包装,在色彩上采用了绿色、白色等颜色,其中以绿色为主,体现一种健康的感觉,以白色为辅,简明扼要地体现主题。

本实例效果如图 3-33 所示。

图 3-33 药品盒包装效果

	素材文件	素材\第 3 章\药品盒素材.psd、药品盒文字.psd、药品盒立体背景.psd、药品盒顶面.psd、药品盒投影.psd
	效果文件	效果\第 3 章\药品盒包装设计.psd、药品盒包装设计.jpg、药品盒立体效果.psd、药品盒立体效果.jpg
	视频文件	视频\第 3 章\3.3 药品盒包装设计.mp4

3.3.1 制作药品盒包装平面效果

下面主要运用"横排文字工具"在药品盒包装平面的背景图像上添加文字说明,完成药品盒包装平面效果的制作。

步骤01 按【Ctrl + O】组合键,打开"药品盒素材.psd"图像,效果如图 3-34 所示。

步骤02 选取工具箱中的"横排文字工具",展开"字符"面板,设置"字体系列"为"方正大黑简体"、"字体大小"为 25.81 点、"颜色"为白色、"设置所选字符的字距调整"为 100,并激活仿斜体图标,然后在图像编辑窗口中输入文字,如图 3-35 所示。

图 3-34 打开素材图像　　　　　图 3-35 输入文字

步骤03 双击文字图层,弹出"图层样式"对话框,选中"描边"复选框,然后在弹出的"图层样式"对话框中,设置"大小"为5像素、"位置"为"外部"、"混合模式"为"正常"、"不透明度"为100%,其中颜色为红色(RGB 的参数值分别为255、42、0),如图3-36所示。

步骤04 单击"确定"按钮,为图像添加"描边"样式效果,效果如图3-37所示。

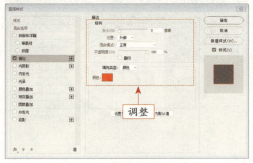

图3-36 设置"描边"参数

图3-37 确定图层样式

步骤05 选择"矩形工具",设置"填充"为绿色(RGB 的参数值分别为7、61、4),在文字图层的下方绘制绿色的矩形,再按【Ctrl + T】组合键,斜切矩形,如图3-38所示。

步骤06 按【Ctrl + O】组合键,打开"药品盒文字.psd"素材图像,运用"移动工具"将其拖至背景图像编辑窗口中的合适位置,效果如图3-39所示。

图3-38 绘制矩形

图3-39 添加文字素材

3.3.2 制作药品盒包装立体效果

下面主要通过"旋转180°"命令、"缩放"命令、"斜切"命令及"扭曲"命令等,制作出药品盒包装的立体效果;通过"垂直翻转"命令、"斜切"命令及图层蒙版等,制作出药品盒包装的立体倒影效果。

步骤01 按【Ctrl + O】组合键,打开"药品盒立体背景.psd"素材图像,如图3-40所示。

步骤 02 确定制作好的平面效果为当前工作图层,选择"图层"|"合并可见图层"命令,合并所有可见图像,选取工具箱中的"移动工具",将平面图像拖至刚打开的背景图像窗口中,并调整其至合适的大小及位置,如图3-41所示。

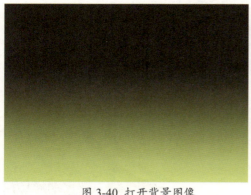

图3-40 打开背景图像

图3-41 拖入素材

步骤 03 选取工具箱中的"矩形选框工具",在图像编辑窗口中单击鼠标左键并拖动,创建一个矩形选区,如图3-42所示。

步骤 04 选择"图层"|"新建"|"通过剪切的图层"命令,将其剪切到新图层,自动生成"图层2"图层,将图像旋转180°,然后选取工具箱中的"移动工具"适当调整其位置,如图3-43所示。

图3-42 创建矩形选区

图3-43 调整图像位置

步骤 05 选择"图层2"图层,按【Ctrl + T】组合键,调出变换控制框,对图像进行缩放和斜切操作,效果如图3-44所示。

步骤 06 用与上面相同的方法,对药品盒的其他部分进行"缩放"和"扭曲"操作,效果如图3-45所示。

图 3-44 斜切图像

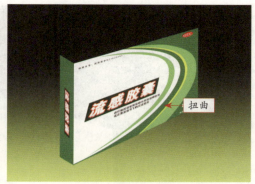
图 3-45 扭曲图像

步骤 07 按【Ctrl + O】组合键,打开"药品盒顶面.psd"素材图像,运用"移动工具"将其拖至背景图像编辑窗口中的合适位置,效果如图 3-46 所示。

步骤 08 按【Ctrl + O】组合键,打开"药品盒投影.psd"素材图像,运用"移动工具"将其拖至背景图像编辑窗口中的合适位置,效果如图 3-47 所示。

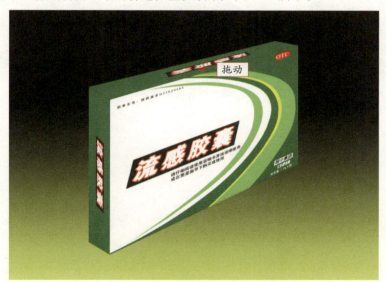
图 3-46 添加顶面素材

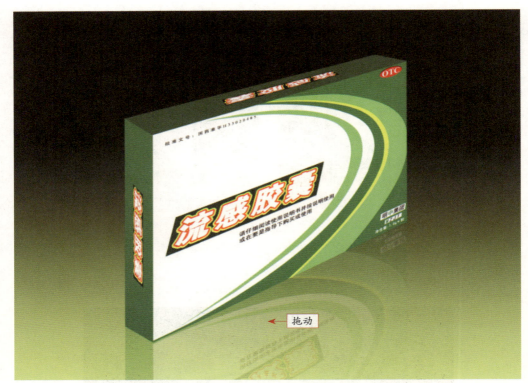

图 3-47 添加投影素材

电商美工篇

4 店铺海报设计

学习提示

网店的广告海报模块是对店铺最新商品、促销活动等信息进行展示的区域,位于店铺导航条的下方,一般也称其为banner图,其设计面积比店招和导航条都要大,是顾客进入店铺首页中观察到的最醒目的区域。本章将对首页的设计规范和技巧进行讲解分析。

本章重点导航

- 美妆网店海报设计
- 腕表店铺广告海报设计
- 农产品广告海报设计

4.1 美妆网店海报设计

本实例是为美妆网店设计的首页欢迎模块，在画面的配色中借鉴商品的色彩，并通过大小和外形不同的文字来表现店铺的主题内容，使用同一色系的颜色来提升画面的品质，让设计的整体效果更加协调、统一。

本实例最终效果如图4-1所示。

图4-1 实例效果

	素材文件	素材\第4章\商品1.psd、文字1.psd、价格图标.psd
	效果文件	效果\第4章\美妆网店广告海报设计.psd、美妆网店广告海报设计.jpg
	视频文件	视频\第4章\4.1 美妆网店广告海报设计.mp4

4.1.1 制作纯色渐变效果

下面介绍制作美妆网店首页纯色渐变背景效果的方法。

步骤 01 选择"文件"|"新建"命令，弹出"新建文档"对话框，❶设置"名称"为"美妆网店广告海报设计"、"宽度"为1440像素、"高度"为570像素、"分辨率"为72像素/英寸、"颜色模式"为"RGB颜色"、"背景内容"为"红色"（RGB参数值分别为255、162、186），如图4-2所示；❷单击"创建"按钮，新建一个空白图像。

步骤 02 选取工具箱中的"渐变工具"，设置渐变色为白色到红色（RGB参数值分别为255、162、186），如图4-3所示。

56　新媒体美工一册通

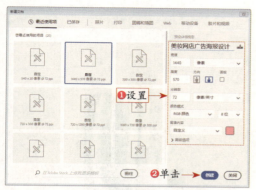

图 4-2 "新建文档"对话框　　　　图 4-3 设置渐变色

步骤 03 在"图层"面板中，新建"图层 1"图层，如图 4-4 所示。

步骤 04 在工具属性栏中单击"径向渐变"按钮，在图像上拖动鼠标填充渐变色，如图 4-5 所示。

图 4-4 新建"图层 1"图层　　　　图 4-5 填充渐变色

4.1.2 调整商品图像亮度

下面详细介绍调整美妆网店首页商品图像亮度的方法。

步骤 01 打开"商品 1.psd"素材图像，运用"移动工具"将素材图像拖至背景图像编辑窗口中的合适位置，如图 4-6 所示。

步骤 02 选择"图像"|"调整"|"亮度/对比度"命令，弹出"亮度/对比度"对话框，设置"亮度"为 10、"对比度"为 18，单击"确定"按钮，效果如图 4-7 所示。

4 店铺海报设计　57

图 4-6 添加商品素材　　　　　　图 4-7 调整亮度和对比度效果

步骤 03 复制商品图层,将其进行垂直翻转并调整至合适的位置,效果如图 4-8 所示。

步骤 04 为复制的图层添加图层蒙版,并填充黑色到白色的线性渐变,设置图层的"不透明度"为 30%,制作倒影效果,如图 4-9 所示。

图 4-8 复制并调整素材图像　　　　图 4-9 制作倒影效果

4.1.3 制作文案与图层样式

使用"横排文字工具"给商品添加解释说明,可以让买家更能了解商品。下面详细介绍制作美妆网店首页文案的方法。

步骤 01 运用"横排文字工具"在图像编辑窗口上输入相应的文字,设置"字体系列"

为"微软雅黑"、"字体大小"为 36 点、"设置所选字符的字距调整"为 50、"颜色"为红色（RGB 参数值分别为 254、65、104），如图 4-10 所示。

步骤 02　运用"横排文字工具"在图像编辑窗口输入相应的文字，设置"字体系列"为"仿宋"、"字体大小"为 30 点、"设置所选字符的字距调整"为 -50、"颜色"为红色（RGB 参数值分别为 254、65、104），并激活仿粗体图标，如图 4-11 所示。

图 4-10　输入文字

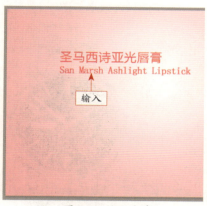
图 4-11　输入文字

步骤 03　打开"文字 1.psd"素材图像，运用"移动工具"将素材图像拖至背景图像编辑窗口中的合适位置，如图 4-12 所示。

步骤 04　打开"价格图标.psd"素材图像，运用"移动工具"将素材图像拖至背景图像编辑窗口中的合适位置，如图 4-13 所示。

图 4-12　添加文字素材

图 4-13　添加价格图标

4.2 腕表店铺广告海报设计

腕表也是淘宝网站销售的热门商品，对于琳琅满目的商品，一个好的店面装修和商品展示是非常重要的，本节为读者介绍淘宝天猫腕表店铺合成特效的制作。

本实例最终效果如图 4-14 所示。

图 4-14 实例效果

素材文件	素材\第 4 章\手表 .jpg、背景 .psd
效果文件	效果\第 4 章\腕表店铺广告海报设计 .psd、腕表店铺广告海报设计 .jpg
视频文件	视频\第 4 章\4.2 腕表店铺广告海报设计 .mp4

4.2.1 腕表店铺素材抠图处理

手表既是实用的计时工具，又具有装饰作用，深受广大消费者的喜爱，下面介绍手表类商品图片素材初期的处理技巧。

步骤 01 按【Ctrl + O】组合键，打开"手表 .jpg"图像素材，如图 4-15 所示。

步骤 02 按【Ctrl + J】组合键，复制"背景"图层，得到"图层 1"图层，并隐藏"背景"图层，如图 4-16 所示。

图 4-15 打开图像　　　　　　　　图 4-16 复制图层

步骤03 选取工具箱中的"魔棒工具",设置"容差"为 10,在图像空白区域单击选中白色背景,如图 4-17 所示。

步骤04 按【Delete】键删除背景,再按【Ctrl + D】组合键,取消选区,如图 4-18 所示。

图 4-17 创建选区　　　　　　　　图 4-18 删除背景

4.2.2 腕表店铺素材变换处理

下面主要运用"移动工具"及自由变换操作,缩放商品素材图像,制作出商品图像的主体物。

步骤01 打开"背景 .psd"素材图像,将抠取的"手表"素材图像拖至背景图像编辑窗口中,如图 4-19 所示。

步骤02 按【Ctrl + T】组合键,调出变换控制框,效果如图 4-20 所示。

4 店铺海报设计　61

图 4-19 移动素材

图 4-20 自由变换

步骤 03 执行上述操作后，按【Shift】键，拖动鼠标，等比例缩放素材，如图 4-21 所示。

步骤 04 执行上述操作后，按【Ctrl + Enter】组合键确认操作，效果如图 4-22 所示。

图 4-21 等比缩放

图 4-22 确认操作

4.2.3 制作文案与图层样式

下面主要运用"矩形选框工具"和"移动工具"制作出商品图像的素材合成效果。

步骤 01 运用"横排文字工具"在图像编辑窗口上输入相应的文字，设置"字体系列"为"黑体"、"字体大小"为 42 点、"颜色"为深灰色（RGB 参数值分别为 70、64、64），如图 4-23 所示。

步骤 02 运用"横排文字工具"在图像编辑窗口上输入相应的文字，设置"字体系列"为"仿宋"、"字体大小"为 22 点、"设置所选字符的字距调整"为 100、"颜色"为灰色（RGB 参数值均为 153），并激活仿粗体图标，如图 4-24 所示。

图 4-23 输入文字

图 4-24 输入文字

步骤 03 运用"横排文字工具"在图像编辑窗口上输入相应的文字,设置"字体系列"为"Adobe 黑体 Std"、"字体大小"为 16 点、"设置行距"为 20 点、"颜色"为深灰色(RGB 参数值均为 102),如图 4-24 所示。

图 4-25 输入文字

4.3 农产品广告海报设计

网店首页在网店装修中占有重要的位置,在浏览者浏览网店页面时,首页界面是占据浏览者第一视觉的重要位置,接下来将为读者讲述网店首页设计的制作流程。

本实例是为农产品网店设计的首页欢迎模块,在画面的配色中借鉴商品的色彩,并通过大小和外形不同的文字来表现店铺的主题内容,使用同一色系的颜色来提升画面的品质,使设计的整体效果更加协调、统一。

本实例最终效果如图 4-26 所示。

图 4-26 实例效果

素材文件	素材\第4章\蔬菜.jpg
效果文件	效果\第4章\农产品网店海报设计.psd、农产品网店海报设计.jpg
视频文件	视频\第4章\4.3 农产品网店海报设计.mp4

4.3.1 制作农产品广告海报主体效果

下面制作农产品广告海报主体效果。

步骤 01 选择"文件"|"新建"命令，弹出"新建"对话框，设置"名称"为"农产品网店海报设计"、"宽度"为700像素、"高度"为350像素、"分辨率"为300像素/英寸、"颜色模式"为"RGB颜色"、"背景内容"为"白色"，单击"创建"按钮，新建一个空白文档，如图4-27所示。

步骤 02 单击工具箱底部的"前景色"色块，弹出"拾色器（前景色）"对话框，设置RGB参数值分别为220、255、115，单击"确定"按钮，如图4-28所示。

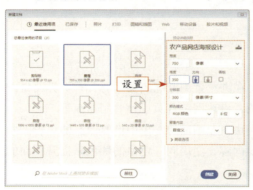

图4-27 新建图像

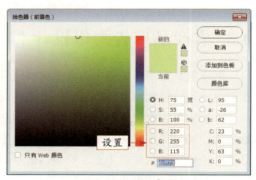

图4-28 设置参数

步骤 03 选择"编辑"|"填充"命令，弹出"填充"对话框，设置"使用"为"前景色"，单击"确定"按钮，即可填充颜色，如图4-29所示。

步骤 04 选择"文件"|"打开"命令，打开"蔬菜.jpg"素材图像，选取工具箱中的"魔棒工具"，在工具属性栏中设置"容差"为32，如图4-30所示。

图4-29 填充背景

图4-30 打开素材

步骤 05 在图像中相应的位置单击,添加白色区域为选区,如图 4-31 所示。

步骤 06 选择"选择"|"反选"命令,反选选区,如图 4-32 所示。

图 4-31 添加选区

图 4-32 反选选区

步骤 07 选择"选择"|"修改"|"羽化"命令,弹出"羽化选区"对话框,设置"羽化半径"为 5 像素,单击"确定"按钮,即可羽化选区,如 4-33 所示。

步骤 08 按【Ctrl + C】组合键,复制选区内的图像,切换至"农产品网店海报设计"图像编辑窗口,按【Ctrl + V】组合键粘贴图像,并适当地调整图像的大小和位置,如图 4-34 所示。

图 4-33 羽化选区边缘

图 4-34 粘贴素材图像

4.3.2 制作农产品广告海报文字效果

下面制作农产品广告海报的文字效果。

步骤 01 ❶选取工具箱中的"横排文字工具",输入文字"绿色农场",展开"字符"面板;❷设置"字体系列"为"华康海报体"、"字体大小"为 12 点、"颜色"为绿色(RGB 参数为 110、160、0)、"设置所选字符的字距调整"为 100,并激活仿粗体图标,根据需要适当地调整文字的位置,如图 4-35 所示。

步骤 02 展开"图层"面板,选择"图层 1"图层,单击底部的"创建新图层"按钮,新建"图层 2"图层,如图 4-36 所示。

4 店铺海报设计　65

图 4-35 设置文字属性　　　　　　　图 4-36 新建图层

步骤 03 ❶选取工具箱中的"椭圆工具",设置"工具模式"为"像素",设置"前景色"为黄色(RGB 参数值分别为 255、255、0),在文字下方绘制一个合适大小的正圆形;❷复制所绘制的正圆形,并适当调整其位置,如图 4-37 所示。

步骤 04 选取工具箱中的"横排文字工具",输入文字"梦想发源地",展开"字符"面板,设置"字体系列"为"方正大标宋简体"、"字体大小"为 10 点、"设置所选字符的字距调整"为 100、"颜色"为橙色(RGB 参数值分别为 255、120、0),并激活仿粗体图标,根据需要适当地调整文字的位置,如图 4-38 所示。

图 4-37 绘制圆形并复制调整　　　　　图 4-38 设置文字属性并输入

步骤 05 选取工具箱中的"横排文字工具",输入文字"绿色果蔬,健康饮食",展开"字符"面板,设置"字体系列"为"幼圆"、"字体大小"为 7 点、"颜色"为橙色(RGB 参数值分别为 255、120、0),根据需要适当地调整文字的位置,完成制作,如图 4-39 所示。

图 4-39 最终效果

5 店铺活动设计

电商美工篇

学习提示

在新媒体电商设计中，随处可见形式多种多样的活动海报，吸引消费者的注意力。因此，新媒体活动海报的设计必须有号召力和艺术感染力，海报中的活动信息要简洁鲜明，达到引人注目的视觉效果，本章详细介绍不同类型促销活动的设计与制作。

本章重点导航

- 元旦商场活动页面设计
- "双十一"促销活动页面设计
- 新品上市特价秒杀页面设计

5.1 元旦商场活动页面设计

节假日一直都是企业开展活动的契机,新媒体运营者也需要掌握节假日活动的策划要点,只有这样才能巧妙地借助节假日的气氛,顺势实现活动目的。

本实例最终效果如图 5-1 所示。

图 5-1 实例效果

素材文件	素材\第 5 章\商场折扣背景 .jpg、礼品 .jpg、光点 .psd、文字 1.psd
效果文件	效果\第 5 章\元旦商场活动页面设计 .psd、元旦商场活动页面设计 .jpg
视频文件	视频\第 5 章\5.1 元旦商场活动页面设计 .mp4

5.1.1 制作商场折扣活动页面主体效果

下面介绍制作商场折扣活动页面主体效果的方法。

步骤 01 按【Ctrl + O】组合键,打开"商品折扣背景 .jpg"素材图像,如图 5-2 所示。

步骤 02 按【Ctrl + O】组合键,打开"礼品 .jpg"素材图像,运用"移动工具"将商品图像拖至背景图像编辑窗口中,如图 5-3 所示。

图 5-2 打开素材图像

图 5-3 添加礼品素材

步骤 03 选取工具箱中的"魔棒工具",设置"容差"为 20,选中礼品图像的白色区域,创建选区,如图 5-4 所示。

步骤 04 按【Delete】键删除选区内的图形,并取消选区,如图 5-5 所示。

图 5-4 创建选区

图 5-5 删除选区内的图形

步骤 05 按【Ctrl + T】组合键调出变换控制框,适当调整礼品图像的大小和位置,效果如图 5-6 所示。

步骤 06 双击"礼品"图层,弹出"图层样式"对话框,选中"外发光"复选框,参数设置如图 5-7 所示。

图 5-6 调整商品图像

图 5-7 设置"外发光"参数

步骤07 单击"确定"按钮,添加"外发光"图层样式,效果如图 5-8 所示。

步骤08 打开"光点.psd"素材图像,运用"移动工具"将其拖至背景图像编辑窗口中,如图 5-9 所示。

图 5-8 添加图层样式

图 5-9 添加光点素材

5.1.2 制作商场折扣活动页面文字效果

下面介绍制作商场折扣活动页面文字效果的方法。

步骤01 选取工具箱中的"横排文字工具",在"字符"面板中设置"字体系列"为"方正综艺简体"、"字体大小"为 18 点、"颜色"为白色,如图 5-10 所示。

步骤02 将鼠标移动至图像编辑窗口中单击,输入文字,按【Ctrl + Enter】组合键确认输入,选取工具箱中的"移动工具",将文字移动至合适的位置,效果如图 5-11 所示。

图 5-10 设置"字符"属性

图 5-11 输入文字

步骤03 双击"文字"图层,弹出"图层样式"对话框,选中"渐变叠加"复选框,设置"角度"为 90°,单击渐变色块,即可弹出"渐变编辑器"对话框,设置渐变颜色 0% 的位置为深紫色(RGB 参数值分别为 65、0、70)、100% 的位置为紫色(RGB 参数值分别为205、15、117），如图5-12所示。

步骤04 单击"确定"按钮即可返回"图层样式"对话框，选中"描边"复选框，设置"大小"为8像素、"颜色"为白色，各选项设置如图5-13所示。

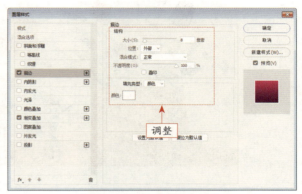

图 5-12 设置"渐变编辑器"参数　　　　　　图 5-13 设置"描边"参数

步骤05 单击"确定"按钮，即可应用"渐变叠加"和"描边"样式，如图5-14所示。

步骤06 打开"文字1.psd"素材图像，运用"移动工具"将其拖至背景图像编辑窗口中的合适位置，效果如图5-15所示。

图 5-14 添加图层样式　　　　　　　　图 5-15 添加文字素材

5.2 "双十一"促销活动页面设计

每年的"双十一"期间，各个电商企业的设计师们可是铆足了劲儿，各种海报设计可谓琳琅满目，让人应接不暇。"双十一"促销活动不仅要传递商品信息，而且往往会用到文字，用好这两个要点就是一幅成功的活动海报。

5 店铺活动设计　71

本实例最终效果如图 5-16 所示。

图 5-16 实例效果

素材文件	素材\第 5 章\促销活动页面背景 .jpg、文字 2.psd、文字 3.psd
效果文件	效果\第 5 章\双十一促销页面设计 .psd、双十一促销页面设计 .jpg
视频文件	视频\第 5 章\5.2 "双十一"促销页面设计 .mp4

5.2.1 制作"双十一"促销活动页面主体效果

下面介绍制作"双十一"促销活动页面主体效果的方法。

步骤 01 按【Ctrl + O】组合键,打开"促销活动页面背景 .jpg"素材图像,如图 5-17 所示。

步骤 02 选取工具箱中的"自定形状工具",在工具属性栏中设置"填充"为橙色(RGB参数值分别为 255、66、0)、"描边"为"无"、"形状"为"会话 12",如图 5-18 所示。

图 5-17 打开素材图像

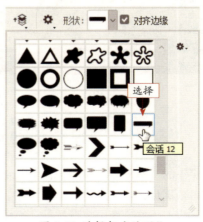

图 5-18 选择相应的形状

步骤 03 在图像编辑窗口中单击,即可弹出"创建自定形状"对话框,设置"宽度"为420像素、"高度"为130像素,如图5-19所示。

步骤 04 单击"确定"按钮,即可创建自定形状,效果如图5-20所示。

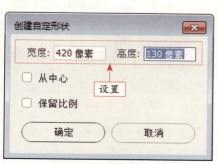

图5-19 设置"创建自定形状"参数

图5-20 创建自定形状

步骤 05 在菜单栏中选择"编辑"|"变换"|"旋转180°"命令,即可翻转形状,如图5-21所示。

步骤 06 选取工具箱中的"移动工具",将形状移动至合适的位置,如图5-22所示。

图5-21 翻转形状

图5-22 调整位置

5.2.2 制作"双十一"促销活动页面文字效果

下面介绍制作"双十一"促销活动页面文字效果的方法。

步骤 01 展开"字符"面板,设置"字体系列"为"黑体"、"字体大小"为40点、"设置行距"为40点、"颜色"为白色,并激活仿粗体图标,如图5-23所示。

步骤 02 选取工具箱中的"横排文字工具",输入文字,选取工具箱中的"移动工具",将文字移动至合适的位置,效果如图5-24所示。

5 店铺活动设计 73

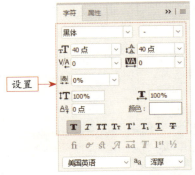

图 5-23 设置"字符"属性

图 5-24 输入文字

步骤 03 按【Ctrl + O】组合键,打开"文字 2.psd"素材图像,运用"移动工具"将素材图像拖至背景图像编辑窗口中的合适位置,效果如图 5-25 所示。

步骤 04 按【Ctrl + O】组合键,打开"文字 3.psd"素材图像,运用"移动工具"将素材图像拖至背景图像编辑窗口中的合适位置,效果如图 5-26 所示。

图 5-25 添加文字素材(1)

图 5-26 添加文字素材(2)

5.3 新品上市特价秒杀页面设计

新品发布活动的主要目的是吸引起顾客对新产品、新店铺等产生兴趣,从而实现将产品卖出去的效果,这也是最为常规的营销方式。在制作新产品推广活动页面时,通常可以结合各种促销手段来增加活动吸引力,从而快速获取优质用户。

本实例最终效果如图 5-27 所示。

图 5-27 实例效果

	素材文件	素材\第 5 章\特价秒杀背景 .jpg、商品 .jpg、价格标签 .psd、线条和文字 .psd、矩形和文字 .psd
	效果文件	效果\第 5 章\特价秒杀页面设计 .psd、特价秒杀页面设计 .jpg
	视频文件	视频\第 5 章\5.3 特价秒杀页面设计 .mp4

5.3.1 制作特价秒杀页面主体效果

下面介绍制作特价秒杀页面主体效果的方法。

步骤 01 按【Ctrl + O】组合键,打开"特价秒杀背景 .jpg"图像,如图 5-28 所示。

步骤 02 按【Ctrl + O】组合键,打开"商品 .jpg"素材图像,运用"移动工具"将商品图像拖至背景图像编辑窗口中,如图 5-29 所示。

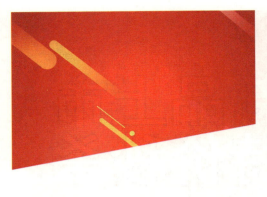

图 5-28 打开素材图像　　　　图 5-29 添加商品素材

步骤03 运用"魔棒工具",选中商品图像的白色区域,创建选区,如图 5-30 所示。

步骤04 按【Delete】键删除选区内的图形,并取消选区,适当调整商品图像的大小和位置,如图 5-31 所示。

图 5-30 创建选区　　　　图 5-31 删除选区内的图形

5.3.2 制作特价秒杀页面文案效果

给商品主图添加文字说明,可以让买家加深浏览的视觉效果。下面介绍制作网店主图文案效果的方法。

步骤01 按【Ctrl + O】组合键,打开"价格标签.psd"素材图像,运用"移动工具"将其拖至背景图像编辑窗口中的合适位置，如图 5-32 所示。

步骤 02 选取工具箱中的"横排文字工具"，展开"字符"面板，设置"字体系列"为"黑体"、"字体大小"为 96 点、"设置行距"为 100 点、"颜色"为白色，并激活仿粗体图标，输入文字，根据需要适当地调整文字的位置，效果如图 5-33 所示。

图 5-32 添加价格标签

图 5-33 输入文字

步骤 03 双击"文字"图层，弹出"图层样式"对话框，选中"描边"复选框，设置"大小"为 2 像素、"位置"为"外部"、"混合模式"为"正常"、"颜色"为黑色，效果如图 5-34 所示。

步骤 04 单击"确定"按钮，即可为文字添加"描边"图层样式，效果如图 5-35 所示。

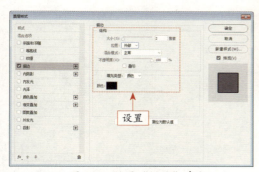

图 5-34 设置"描边"参数

图 5-35 添加图层样式

5 店铺活动设计　77

步骤 05 打开"线条和文字.psd"素材图像,运用"移动工具"将其拖至背景图像编辑窗口中的合适位置,效果如图 5-36 所示。

步骤 06 打开"矩形和文字.psd"素材图像,运用"移动工具"将其拖至背景图像编辑窗口中的合适位置,如图 5-37 所示。

图 5-36 添加线条和文字素材

图 5-37 添加矩形和文字素材

电商美工篇

6 商品详情页设计

学习提示

在新媒体电商设计中，随处可见形式多种多样的活动海报，吸引消费者的注意力。因此，新媒体活动海报的设计必须有号召力和艺术感染力，海报中的活动信息要简洁鲜明，达到引人注目的视觉效果，本章详细介绍不同类型促销活动的设计与制作。

本章重点导航

- 坚果零食详情页设计
- 零食饼干详情页设计
- 摄影书籍详情页设计

6.1 坚果零食详情页设计

宝贝详情页就是对商品的使用方法、技巧、细节等方面的内容进行的展示，同时，有的店家为了拉动店铺内其他商品的销售，或者提升店铺的品牌形象，还会在宝贝详情页面中添加搭配套餐、公司简介等信息，以此来树立和创建商品的形象，提升顾客的购买欲望。

本实例制作的是坚果网店设计产品详情页面中的主要展示部分，画面中采用纯色作为底色，同时搭配相关的文字信息，为顾客呈现出完善的商品视觉效果。

本实例最终效果如图 6-1 所示。

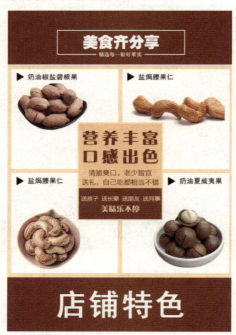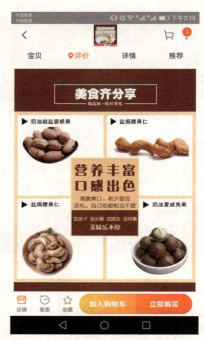

图 6-1 实例效果

素材文件	素材\第 6 章\坚果详情页背景 .psd、坚果 1.jpg、"坚果 2.jpg"、"坚果 3.jpg"、"坚果 4.jpg"
效果文件	效果\第 6 章\坚果零食详情页 .psd、坚果零食详情页 .jpg
视频文件	视频\第 6 章\6.1 坚果零食详情页 .mp4

6.1.1 制作坚果零食主体效果

宝贝详情页面是商家向外展示商品属性的一个重要途径，详情页面的制作要突出商品的优点。

下面介绍制作坚果零食详情页主体效果的方法。

步骤 01 按【Ctrl + O】组合键,打开"坚果详情页背景.psd"素材图像,如图6-2所示。

步骤 02 按【Ctrl + O】组合键,打开"坚果1.jpg"素材图像,如图6-3所示。

图6-2 打开背景素材

图6-3 打开素材

步骤 03 选取工具箱中的"魔棒工具",设置"容差"为20,选中坚果素材图像的白色区域创建选区,如图6-4所示。

步骤 04 按【Delete】键删除选区内的图形,并取消选区,如图6-5所示。

图6-4 创建选区

图6-5 删除选区内的图形

步骤 05 按【Ctrl + T】组合键调出变换控制框,适当调整坚果图像的大小和位置,效果如图6-6所示。

步骤06 继续在坚果零食详情页图像中添加"坚果2.jpg""坚果3.jpg""坚果4.jpg"素材图像，运用同样的方法处理素材图像，再运用自由变换工具适当调整其位置和图像大小，效果如图6-7所示。

图6-6 调整图像

图6-7 添加素材

6.1.2 制作坚果零食文字效果

下面介绍制作坚果零食详情页文字效果的方法。

步骤01 选取工具箱中的"自定形状工具"，在工具属性栏中设置"填充"为黑色、"描边"为"无"、"形状"为"三角形"，如图6-8所示。

步骤02 在图像编辑窗口中的合适位置绘制形状，选择"编辑"|"变换路径"|"顺时针旋转90°"命令，得到的效果如图6-9所示。

图6-8 设置形状

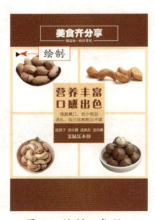

图6-9 绘制三角形

步骤 03 复制3个所绘制的三角形，并调整至合适的位置处，如图6-10所示。

步骤 04 选取工具箱中的"横排文字工具"，在图像编辑窗口的适当位置单击，输入相应的文字，设置"字体系列"为"黑体"、"字体大小"为72点、"设置所选字符的字距调整"为50、"颜色"为白色，并激活仿粗体图标，按【Ctrl + Enter】组合键确认，如图6-11所示。

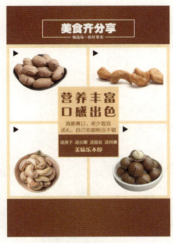
图6-10 复制三角形

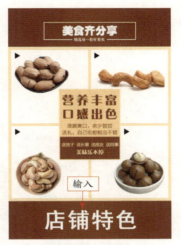
图6-11 输入文字

步骤 05 选取工具箱中的"横排文字工具"，在图像编辑窗口中的适当位置单击，输入相应的文字，设置"字体系列"为"黑体"、"字体大小"为15点、"颜色"为黑色，按【Ctrl + Enter】组合键确认，如图6-12所示。

步骤 06 运用同样的方法，输入其他的文字，并调整其位置，预览效果，完成坚果零食网店的设计，如图6-13所示。

图6-12 输入文字

图6-13 完成效果

6 商品详情页设计　83

6.2 零食饼干详情页设计

本实例制作的是零食商品详情页面中的产品特色展示部分。在产品详情页中，顾客可以找到产品的大致感觉，通过对商品的细节进行展示，能够让商品在顾客的脑海中形成大致的形象。

本实例最终效果如图6-14所示。

图6-14 完成效果

素材文件	素材\第6章\饼干.psd、文字1.psd、文字2.psd、食材.psd
效果文件	效果\第6章\零食饼干详情页.psd、零食饼干详情页.jpg
视频文件	视频\第6章\6.2 零食饼干详情页.mp4

6.2.1 制作零食饼干详情页上部分效果

下面介绍制作零食饼干详情页上部分效果的方法。

步骤01 选择"文件"|"新建"命令，弹出"新建"对话框，设置"名称"为"零食饼干详情页"、"宽度"为1024像素、"高度"为2100像素、"分辨率"为72像素/英寸、"颜色模式"为"RGB颜色"、"背景内容"为"白色"，如图6-15所示。

步骤02 单击"创建"按钮，新建一个空白图像，如图6-16所示。

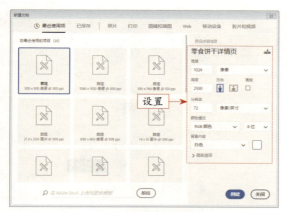
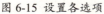

图 6-15 设置各选项

图 6-16 新建图像

步骤 03 单击工具箱底部的"前景色"色块,弹出"拾色器(前景色)"对话框,设置 RGB 参数值为 255、199、107,单击"确定"按钮,如图 6-17 所示。

步骤 04 展开"图层"面板,新建"图层 1"图层,应用"矩形选框工具"绘制选区,填充前景色,并取消选区,效果如图 6-18 所示。

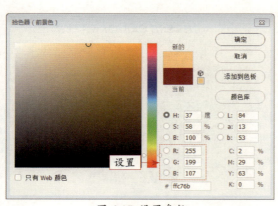

图 6-17 设置参数

图 6-18 填充前景色

步骤 05 选择"文件"|"打开"命令,打开"饼干.psd"素材图像,运用"移动工具"将素材图像拖至背景图像编辑窗口中,适当调整图像的位置,如图 6-19 所示。

步骤 06 选取工具箱中的"横排文字工具",在"字符"面板中设置"字体系列"为"News701 BT"、"字体大小"为 46 点、"颜色"为黑色(RGB 参数值均为 0),如图 6-20 所示。

6 商品详情页设计

图 6-19 拖入饼干素材

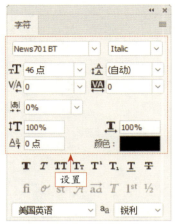
图 6-20 设置"字符"属性

步骤 07 在图像编辑窗口中输入文字，运用"移动工具"将文字图像拖至适当位置处，效果如图 6-21 所示。

步骤 08 按【Ctrl + O】组合键，打开"文字 1.psd"素材图像，运用"移动工具"将其拖至背景图像编辑窗口中，效果如图 6-22 所示。

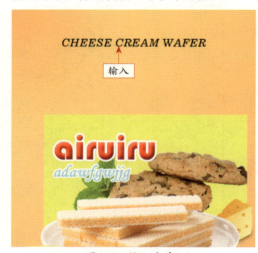
图 6-21 输入文字

图 6-22 添加文字素材

6.2.2 制作零食饼干详情页下部分效果

下面介绍制作零食饼干详情页下部分效果的方法。

步骤 01 选取工具箱中的"横排文字工具",❶设置"字体系列"为"Arial"、"字体大小"为 33 点、"颜色"为黑色(RGB 参数值均为 0);❷在图像编辑窗口中输入文字,运用"移动工具"将文字图像拖至适当位置,如图 6-23 所示。

步骤 02 按【Ctrl + O】组合键,打开"文字 2.psd"素材图像,运用"移动工具"将其拖至背景图像编辑窗口中,效果如图 6-24 所示。

图 6-23 输入文字　　　　　　　　　　图 6-24 添加文字素材

步骤 03 按【Ctrl + O】组合键,打开"食材.psd"素材图像,运用"移动工具"将素材图像拖至背景图像编辑窗口中,适当调整图像的位置,效果如图 6-25 所示。

步骤 04 选取工具箱中的"横排文字工具",打开"字符"面板,设置"字体系列"为"黑体"、"字体大小"为 48 点、"颜色"为绿色(RGB 参数值分别为 54、79、0),效果如图 6-26 所示。

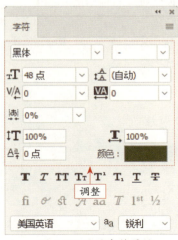

图 6-25 添加素材　　　　　　　　　　图 6-26 设置字符属性

步骤 05 在图像编辑窗口中输入文字，运用"移动工具"将文字图像拖至适当位置处，效果如图 6-27 所示。

步骤 06 复制文字，运用"移动工具"将文字图像拖至适当位置处，并修改其中的内容，效果如图 6-28 所示。

图 6-27 输入文字

图 6-28 复制并修改文字

6.3 摄影书籍详情页设计

本实例设计是摄影书籍详情页面中的顶部展示部分，主要介绍商品的大致信息，如：包括什么内容、多少技巧、图片内容的展示等。

本实例最终效果如图 6-29 所示。

图 6-29 完成效果

素材文件	素材\第 6 章\照片 .psd、符号和文字 .psd、书籍 1.psd、书籍 2.psd、矩形 .psd、底纹 .psd
效果文件	效果\第 6 章\摄影书籍详情页 .psd、摄影书籍详情页 .jpg
视频文件	视频\第 6 章\6.3 摄影书籍详情页 .mp4

6.3.1 制作摄影书籍详情页主体效果

下面介绍制作摄影书籍详情页主体效果的方法。

▶ 专家指点

在产品详情页中，顾客可以找到产品的大致感觉，通过对商品的细节进行展示，能够让商品在顾客的脑海中留下大致的印象，当顾客有意识地想要购买商品的时候，商品细节区域的恰当表现就开始起作用了。细节是让顾客更加了解这个商品的主要手段，顾客熟悉商品才是对最后的成交起到关键作用的一步，而细节的展示可以通过多种方法来表现。

 选择"文件"|"新建"命令，弹出"新建文件"对话框，在其中设置"名称"

为"摄影书籍详情页设计"、"宽度"为790像素、"高度"为2200像素、"分辨率"为72像素/英寸、"颜色模式"为"RGB颜色"、"背景内容"为"白色",如图6-30所示。

步骤02 单击"创建"按钮,新建一个空白图像,如图6-31所示。

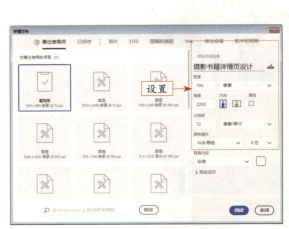 

图6-30 新建文档　　　　　　　　　　图6-31 创建图像

步骤03 单击工具箱底部的"前景色"色块,弹出"拾色器(前景色)"对话框,设置"前景色"为黑色,单击"确定"按钮,如图6-32所示。

步骤04 展开"图层"面板,新建"图层1"图层,应用"多边形套索工具"绘制选区,填充前景色,并取消选区,效果如图6-33所示。

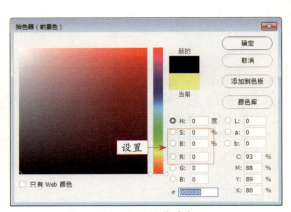 

图6-32 设置前景色　　　　　　　　　图6-33 填充前景色

步骤05 选择"文件"|"打开"命令,打开"照片.psd"素材图像,运用"移动工具"将素材图像拖至背景图像编辑窗口中,适当调整图像的位置,如图6-34所示。

步骤06 选中照片图层,单击鼠标右键,弹出快捷菜单,选择"创建剪贴蒙版"命令,如图6-35所示。

图 6-34 拖入照片素材

图 6-35 选择"创建剪贴蒙版"命令

步骤07 单击鼠标左键,确认创建剪贴蒙版,效果如图6-36所示。

步骤08 在"图层"面板中,设置"照片"图层的"不透明度"为20%,效果如图6-37所示。

图 6-36 剪贴蒙版效果

图 6-37 调整图层的不透明度

步骤09 选取工具箱中的"横排文字工具",打开"字符"面板,设置"字体系列"为"微软雅黑"、"字体大小"为 72 点、"颜色"为蓝色(RGB 参数值分别为 31、133、195),如图 6-38 所示。

步骤 10 在图像编辑窗口中输入文字,运用"移动工具"将文字拖至适当的位置,效果如图 6-39 所示。

图 6-38 设置"字符"属性   图 6-39 输入文字

步骤 11 按【Ctrl + O】组合键,打开"符号和文字.psd"素材图像,运用"移动工具"将素材图像拖至背景图像编辑窗口中,适当调整图像的位置,效果如图 6-40 所示。

步骤 12 按【Ctrl + O】组合键,打开"书籍 1.psd"素材图像,运用"移动工具"将素材图像拖至背景图像编辑窗口中,适当调整图像的位置,如图 6-41 所示。

图 6-40 添加符号和文字素材   图 6-41 添加书籍素材

步骤 13 按【Ctrl + O】组合键,打开"书籍 2.psd"素材图像,运用"移动工具"将素材图像拖至背景图像编辑窗口中,适当调整图像的位置,如图 6-42 所示。

步骤 14 按【Ctrl + O】组合键，打开"矩形.psd"素材图像，运用"移动工具"将素材图像拖至背景图像编辑窗口中，适当调整图像的位置，如图 6-43 所示。

图 6-42 添加书籍素材　　　　　　　　图 6-43 添加矩形素材

6.3.2 制作摄影书籍详情页文字效果

下面介绍制作摄影书籍详情页文字效果的方法。

步骤 01 选取工具箱中的横排文字工具，设置"字体系列"为"微软雅黑"、"字体大小"为 35 点、"颜色"为白色（RGB 参数值均为 255），在图像编辑窗口中输入文字，运用"移动工具"将文字拖至适当的位置，如图 6-44 所示。

步骤 02 复制文字两次，并分别调整其位置，并修改其中的内容和文字颜色，效果如图 6-45 所示。

图 6-44 输入文字　　　　　　　　图 6-45 复制和调整文字

6 商品详情页设计　93

步骤 03　按【Ctrl＋O】组合键，打开"底纹.psd"素材图像，运用"移动工具"将素材图像拖至背景图像编辑窗口中，适当调整图像的位置，如图6-46所示。

步骤 04　选取工具箱中的横排文字工具，设置"字体系列"为"方正大标黑体"、"字体大小"为55点、"颜色"为白色（RGB参数值均为255），如图6-47所示。

图6-46　添加底纹素材

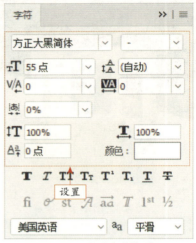

图6-47　设置"字符"属性

步骤 05　在图像编辑窗口中输入文字，运用"移动工具"将文字拖至适当的位置，如图6-48所示。

步骤 06　选取工具箱中的"横排文字工具"，设置"字体系列"为"方正兰亭超细黑简体"、"字体大小"为44点、"颜色"为白色（RGB参数值均为255），并激活仿粗体图标，如图6-49所示。

图6-48　输入文字

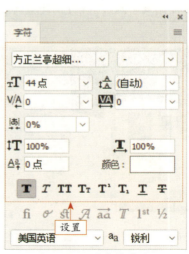

图6-49　设置字符属性

步骤|07| 在图像编辑窗口中输入文字，运用"移动工具"将文字拖至适当的位置，如图 6-50 所示。

步骤|08| 按【Ctrl＋O】组合键，打开"箭头.psd"素材图像，运用"移动工具"将素材图像拖至背景图像编辑窗口中，适当调整图像的位置，如图 6-51 所示。

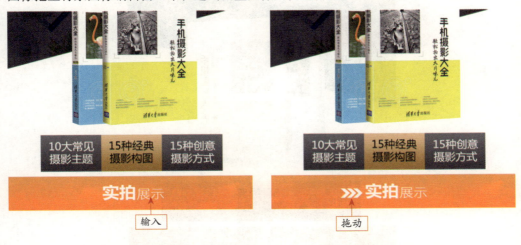

图 6-50 输入文字　　　　　　　　图 6-51 添加箭头素材

步骤|09| 按【Ctrl＋O】组合键，打开"线条.psd"素材图像，运用"移动工具"将素材图像拖至背景图像编辑窗口中，适当调整图像的位置，如图 6-52 所示。

步骤|10| 按【Ctrl＋O】组合键，打开"实拍素材.psd"素材图像，运用"移动工具"将素材图像拖至背景图像编辑窗口中，适当调整图像的位置，如图 6-53 所示。

图 6-52 输入文字　　　　　　　　图 6-53 添加素材

风车

花

电商美工篇

微商微店设计

学习提示

随着新媒体和内容营销的迅速崛起，如何在电商运营中利用视觉营销提高品牌、店铺和产品的知名度，创造利益，是微店和微商店铺运营者关注的重点。

本章重点导航

- 图书微店轮播广告设计
- 图书微店首页界面设计
- 微商朋友圈广告设计

7.1 图书微店轮播广告设计

本实例是微店轮播广告设计，在画面的配色中借鉴商品的色彩，并通过大小和外形不同的文字来表现店铺的主题内容，使用同一色系的颜色来提升画面的品质，让设计的整体效果更加协调统一，效果如图 7-1 所示。

图 7-1 图书微店轮播广告设计

素材文件	素材\第 7 章\图书 .psd、背景图案 .psd
效果文件	效果\第 7 章\图书微店轮播广告设计 .psd、图书微店轮播广告设计 .jpg
视频文件	视频\第 7 章\7.1 图书微店轮播广告设计 .mp4

7.1.1 制作微店轮播广告背景

下面为读者介绍图书微店轮播广告的设计。

步骤 01 选择"文件"｜"新建"命令，弹出"新建"对话框，设置"名称"为"图书微店轮播广告设计"、"宽度"为 720 像素、"高度"为 300 像素、"分辨率"为 72 像素/英寸、"颜色模式"为"RGB 颜色"、"背景内容"为"白色"，如图 7-2 所示。

步骤 02 单击"创建"按钮，新建一个空白文档，如图 7-3 所示。

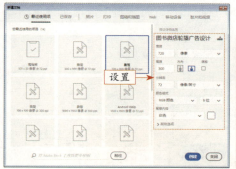

图 7-2 "新建文档"对话框

图 7-3 新建空白文档

步骤 03 单击工具箱底部的"前景色"色块,弹出"拾色器(前景色)"对话框,设置 RGB 参数值分别为 255、218、144,单击"确定"按钮,如图 7-4 所示。

步骤 04 新建"图层",选择"编辑"|"填充"命令,弹出"填充"对话框,设置"使用"为"前景色",单击"确定"按钮,即可填充颜色,如图 7-5 所示。

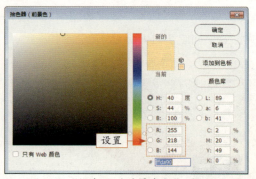

图 7-4 "拾色器(前景色)"对话框

图 7-5 "填充"前景色

步骤 05 按【Ctrl + O】组合键,打开"背景图案.psd"素材图像,将素材图像拖至背景图像编辑窗口中,适当调整其大小和位置,效果如图 7-6 所示。

步骤 06 复制"背景图案"素材图像,选中"背景图案 拷贝"图层,按【Ctrl + T】组合键,适当调整其大小和位置,效果如图 7-7 所示。

图 7-6 添加背景图案

图 7-7 调整背景图案

7 微商微店设计 99

步骤07 按【Ctrl＋O】组合键，打开"图书.psd"素材图像，将素材图像拖至背景图像编辑窗口中，适当调整其大小和位置，效果如图7-8所示。

步骤08 复制"图书"素材两次，适当调整其位置，效果如图7-9所示。

图7-8 添加素材

图7-9 复制调整素材

步骤09 ❶按住【Shift】键，选中3个图书素材图层，再按【Ctrl＋G】组合键创建组，得到"组1"，双击"组1"打开"图层样式"对话框，选中"投影"复选框；❷设置"混合模式"为"正常"、"不透明度"为53%、"角度"为145°，选中"全局光"复选框，设备"距离"为2像素、"扩展"为11%、"大小"为5像素，效果如图7-10所示。

步骤10 单击"确定"按钮，即可添加图层样式，效果如图7-11所示。

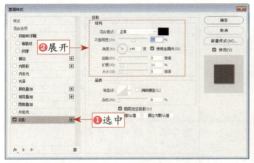
图7-10 设置"投影"参数

图7-11 确定投影效果

7.1.2 添加微店轮播广告文字效果

步骤01 ❶选取工具箱中的"横排文字工具"，输入文字"摄影新玩法"，展开"字符"面板，❷设置"字体系列"为"文鼎霹雳体"、"字体大小"为66点、"颜色"为白色（RGB参数均为255）、"设置所选字符的字距调整"为100，并激活仿粗体图标，根据需要适当地调整文字的位置，如图7-12所示。

步骤02 双击"文字"图层打开"图层样式"对话框，选中"描边"复选框，设置"混合模式"为"正常"、"不透明度"为100%、"大小"为3像素、"颜色"为黑色，单击"确定"按钮，效果如图7-13所示。

图 7-12 输入文字并设置其属性

图 7-13 添加描边效果

▶ 专家指点

复制图层，将其填充为黑色，移动至原图层下方，让原图层盖住复制的图层，适当调整复制图层的位置和不透明度，是制作投影的简易办法。

步骤 03 复制"摄影新玩法"文字图层，删除"摄影新玩法 拷贝"图层描边效果，设置"颜色"填充为黑色、"不透明度"为55%，并将其移至"摄影新玩法"图层下面，调整其位置，得到"摄影新玩法"文字图层的阴影图层，效果如图 7-14 所示。

步骤 04 选取工具箱中的"横排文字工具"，输入文字"高手新玩法 大片就要这么拍"，展开"字符"面板，设置"字体系列"为"黑体"、"字体大小"为 24 点、"颜色"为白色（RGB 参数均为 255）、"设置所选字符的字距调整"为 100，并激活仿粗体图标，根据需要适当地调整文字的位置，如图 7-15 所示。

图 7-14 制作文字阴影效果

图 7-15 输入文字

步骤 05 ❶双击"文字"图层打开"图层样式"对话框，选中"投影"复选框；❷设置"混合模式"为"正片叠底"、"颜色"为黑色、"不透明度"为80%、"角度"为145度、"距离"为2像素、"扩展"为5%，效果如图 7-16 所示。

步骤 06 单击"确定"按钮，即可添加"投影"图层样式，效果如图 7-17 所示。

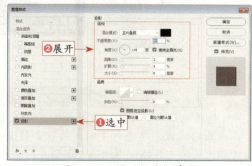
图 7-16 设置"投影"参数

7 微商微店设计 101

图 7-17 添加投影样式

7.2 图书微店首页界面设计

图书微店首页界面包括首页轮播广告、精美实惠的商品、商品的名称及价格和相应的商品导航等功能和图片，运用带有闪动性的字体制作出顶部的横幅广告，再用多张精美的图片制作出展示区，并添加说明性文字，即可完成设计。

实例效果如图 7-18 所示。

图 7-18 图书微店首页界面设计

▶ 专家指点

　　微店想要吸引顾客，必须从店铺装修入手，优化店铺界面。漂亮的店铺可以让买家在购物的同时，享受精美的界面带来的愉悦感，同时让买家较长时间地停留在店铺，增加购买的可能性；由于朋友圈图片广告的区域不大，因此在其中添加文字和图片元素时，一定要注意颜色和字体的协调，不可滥用过多的颜色和字体，以免消费者产生视觉疲劳。

	素材文件	素材\第7章\横幅广告背景.jpg、微店装饰.psd、商品展示区.psd
	效果文件	效果\第7章\图书微店首页界面设计.psd、图书微店首页界面设计.jpg
	视频文件	视频\第7章\7.2 图书微店首页界面设计.mp4

7.2.1 制作微店横幅广告效果

下面详细介绍制作微店横幅广告效果的方法。

步骤 01 选择"文件"|"新建"命令，弹出"新建文档"对话框，设置"名称"为"图书微店首页界面设计"、"宽度"为 720 像素、"高度"为 938 像素、"分辨率"为 72 像素/英寸、"颜色模式"为"RGB 颜色"、"背景内容"为"白色"，单击"创建"按钮，新建一个空白图像，如图 7-19 所示。

步骤 02 按【Ctrl + O】组合键，打开"横幅广告背景.jpg"素材图像，运用"移动工具"将素材图像拖至背景图像编辑窗口中，适当调整图像的大小和位置，效果如图 7-20 所示。

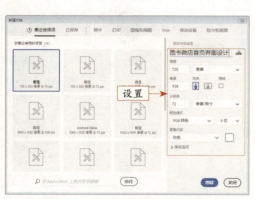 

图 7-19 "新建文档"对话框　　　　图 7-20 拖动图像

步骤 03 选取工具箱中的"横排文字工具"，❶在"字符"面板中设置"字体系列"为"微软简行楷"、"字体大小"为 50 点、"颜色"为浅蓝色（RGB 参数值分别为 0、198、255）；❷在图像编辑窗口中输入文字，如图 7-21 所示。

步骤 04 ❶在"图层 1"图层上方新建一个图层，选取"椭圆选框工具"，在工具属性栏中设置"羽化"为 10 像素；❷在图像编辑窗口中绘制一个椭圆形选框，效果如图 7-22 所示。

图 7-21 输入文字

图 7-22 绘制椭圆形选区

步骤 05 设置"前景色"为黄色（RGB 参数值分别为 255、215、0），为选区填充前景色并取消选区，效果如图 7-23 所示。

步骤 06 按【Ctrl + O】组合键，打开"微店装饰.psd"素材图像，运用"移动工具"将素材图像拖至背景图像编辑窗口中，适当调整图像的位置和大小，效果如图 7-24 所示。

图 7-23 填充前景色

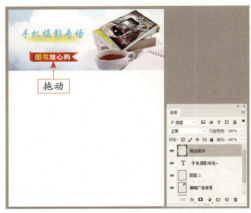
图 7-24 添加装饰素材

7.2.2 制作店铺商品展示效果

下面详细介绍制作店铺商品展示效果的方法。

步骤 01 选取工具箱中的"矩形工具"，设置"填充"为浅灰色（RGB 参数值均为 238）、"描边"为"无"，绘制一个矩形，效果如图 7-25 所示。

步骤 02 ❶选取工具箱中的"横排文字工具"，在图像编辑窗口中输入文字；❷在"字符"面板中设置"字体系列"为"微软雅黑"、"字体大小"为 30 点、"颜色"为黑色，效果如图 7-26 所示。

图 7-25 绘制矩形

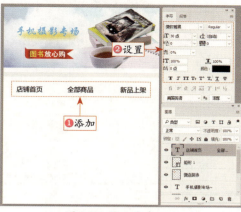

图 7-26 输入文本

步骤 03 运用"横排文字工具"选择"店铺首页"文字,在"字符"面板中设置"颜色"为红色(RGB 参数值分别为 235、35、35),效果如图 7-27 所示。

步骤 04 选取工具箱中的"矩形工具",设置"填充"为红色(RGB 参数值分别为 235、35、35),绘制一个矩形,再运用"移动工具"适当调整矩形的位置,效果如图 7-28 所示。

图 7-27 调整文字颜色

图 7-28 绘制矩形

步骤 05 选取工具箱中的"矩形工具",设置"填充"为红色(RGB 参数值分别为 235、35、35),绘制一个矩形,运用"移动工具"适当调整矩形的位置,效果如图 7-29 所示。

步骤 06 按【Ctrl + O】组合键,打开"商品展示区 .psd"素材图像,运用"移动工具"将素材图像拖至背景图像编辑窗口中,适当调整图像的位置,效果如图 7-30 所示。

图 7-29 绘制矩形　　　　　　图 7-30 添加商品素材

7.3 微商朋友圈广告设计

　　本实例是针对微商朋友圈平台设计的休闲鞋广告，在制作的过程中使用充满活力感的强对比色背景图片进行修饰，添加促销方案，以及简单的广告词来突出产品优势。

　　本实例最终效果如图 7-31 所示。

图 7-31 微商朋友圈广告设计

素材文件	素材\第 7 章\微商朋友圈广告设计 .jpg、鞋子 .psd、文字 .psd、斜线 .psd	
效果文件	效果\第 7 章\微商朋友圈广告设计 .psd、微商朋友圈广告设计 .jpg	
视频文件	视频\第 7 章\7.3 微商朋友圈广告设计 .mp4	

7 微商微店设计　　107

7.3.1 制作微商朋友圈广告背景效果

下面主要运用"裁剪工具"、"亮度/对比度"命令来制作微商朋友圈广告的背景效果。

步骤01 按【Ctrl+O】组合键,打开"微商朋友圈广告设计.jpg"素材,如图7-32所示。

步骤02 在工具箱中,选取"裁剪工具",如图7-33所示。

图7-32 打开素材图像

图7-33 选取"裁剪工具"

步骤03 在工具属性栏中的"选择比例尺寸"下拉列表中选择"1:1(方形)"选项,如图7-34所示。

步骤04 调整裁剪区域,按【Enter】键确认裁剪图像,如图7-35所示。

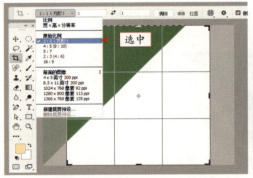
图7-34 选择"1:1(方形)"选项

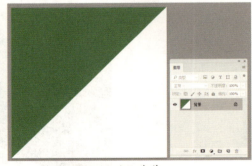
图7-35 确认裁剪

> ▶ 专家指点
>
> 在Photoshop中,"裁剪工具"是应用非常灵活的截取图像的工具,灵活运用"裁剪工具"可以突出主体图像,当将图像扫描到计算机中以后,经常会遇到图像中多出一些不需要的部分等问题,这时就需要对图像进行裁剪操作。在Photoshop中,除了运用"裁剪工具"裁剪图像外,还可以运用"裁切"命令裁剪图像。

步骤05 新建"亮度/对比度1"调整图层,在"属性"面板中设置"亮度"为10、"对比度"为15,调整图像的亮度,效果如图7-36所示。

步骤 06 按【Ctrl＋O】组合键，打开"鞋子.psd"素材，运用"移动工具"将素材图像拖至背景图像编辑窗口中，适当调整图像的位置，如图7-37所示。

图7-36 调整"亮度/对比度"　　　　　图7-37 拖入鞋子素材

步骤 07 按【Ctrl＋T】组合键，调出变换控制框，将鼠标指针移动至变换控制框的右侧，旋转图像，如图7-38所示。

步骤 08 旋转图像至合适角度并调整图像的大小和位置，按【Enter】键确认旋转，如图7-39所示。

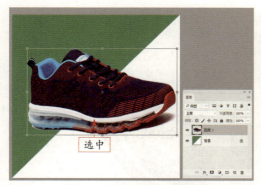

图7-38 调出变换控制框　　　　　图7-39 确认旋转

▶ 专家指点

用户对图像进行缩放操作时，按住【Shift】键的同时，按下鼠标左键拖动，可以等比例缩放图像。

7.3.2 制作微商朋友圈广告文案效果

下面主要运用"矩形工具""横排文字工具"，以及图案叠加和投影设置，来制作帆布鞋网店主图的文案效果。

步骤 01 选取工具箱中的"矩形工具"，在工具属性栏中设置工具模式为"形状"、"填充"为黄色（RGB参数值分别为247、227、53）、"描边"设置为"无"，绘制一个矩形，效果如图7-40所示。

步骤02 ❶在"图层"面板中，双击"矩形1"图层，弹出"图层样式"对话框；❷选中"投影"复选框，设置"不透明度"为29%、"距离"为3像素、"大小"为3像素，如图7-41所示。

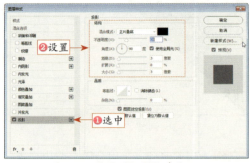

图7-40 绘制矩形　　　　　　　　　　图7-41 设置"投影"参数

步骤03 单击"确定"按钮，即可为矩形添加投影效果，如图7-42所示。

步骤04 ❶在工具箱中选取"横排文字工具"，设置"字体系列"为"方正大黑简体"、"字体大小"为5点、"颜色"为深绿色（RGB参数值分别为71、139、76），并激活仿粗体图标；❷输入文字，按【Ctrl + Enter】组合键确认输入，切换至"移动工具"，根据需要适当地调整文字的位置，如图7-43所示。

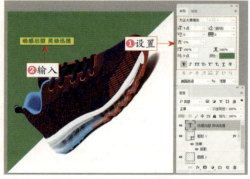

图7-42 添加投影效果　　　　　　　　图7-43 输入文字并调整位置

▶ 专家指点

在Photoshop中，在英文输入法状态下，按【T】键，也可以快速切换至"横排文字工具"，然后在图像编辑窗口中输入相应的文本内容即可，如果输入的文字位置不能满足用户的需求，此时用户可以通过在英文输入法状态下，按【V】键，使用"移动工具"将文字移动到相应位置，也可以使用方向键进行调整。

步骤05 新建一个图层，在工具箱中选取"横排文字工具"，❶设置"字体"为"方正大黑简体"、"字体大小"为12点、"颜色"为白色（RGB参数值均为255），并激活仿粗体图标；❷输入"全国包邮"文字，按【Ctrl＋Enter】组合键确认输入，切换至"移动工具"，根据需要适当地调整文字的位置，如图7-44所示。

步骤06 ❶双击"全国包邮"文字图层，弹出"图层样式"对话框，选中"图案叠加"复选框；❷设置"混合模式"为"正常"、"不透明度"为100%、"缩放"为100%，选择叠加图案，如图7-45所示。

图7-44 输入并调整文字

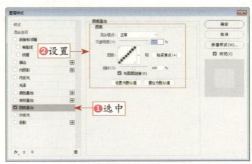

图7-45 设置"图案叠加"参数

步骤07 ❶选中"投影"复选框；❷设置"混合模式"为"正片叠底"、"不透明度"为37%、"角度"为90度、"距离"为5像素、"大小"为5像素，如图7-46所示。

步骤08 单击"确定"按钮，即可添加图层样式，如图7-47所示。

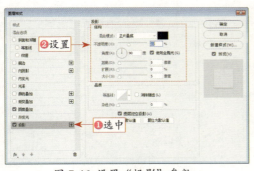

图7-46 设置"投影"参数

图7-47 确认添加效果

步骤09 按【Ctrl＋O】组合键，打开"文字.psd"素材图像，运用"移动工具"将其拖至背景图像编辑窗口中的合适位置，效果如图7-48所示。

步骤10 按【Ctrl＋O】组合键，打开"斜线.psd"素材图像，运用"移动工具"将其拖至背景图像编辑窗口中的合适位置，完成最后效果，如图7-49所示。

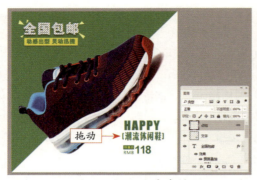

图 7-48 添加文字素材　　　　　图 7-49 添加斜线素材

UI 美工篇

8 APP UI 设计

学习提示

APP UI 是指移动 APP 的人机交互、操作逻辑、界面美观的整体设计。好的 APP UI 可以提升产品的个性和品位，为用户带来舒适、简单、自由的使用体验，同时也可以体现出 APP 产品的基本定位和特色。

本章重点导航

- 邮箱图标设计
- 登录注册界面设计
- 移动 APP 界面设计

8.1 邮箱图标设计

如今,移动办公趋势势不可挡,大部分职场人士每天都需要在移动端处理许多邮件,有一款好用的邮箱应用程序,成为了高效人士的必备选择。本例是一个包含信封图形的邮箱图标设计,可以让用户一目了然,从图标 UI 界面中就知道这个系统工具的主要功能。

本实例最终效果如图 8-1 所示。

图 8-1 实例效果

素材文件	素材\第 8 章\邮箱图标背景 .psd
效果文件	效果\第 8 章\邮箱图标 .psd、邮箱图标 .jpg
视频文件	视频\第 8 章\8.1 邮箱图标设计 .mp4

8.1.1 设计邮箱图标主体效果

下面主要介绍邮箱图标主体效果的制作方法。

步骤 01 按【Ctrl + O】组合键,打开"邮箱图标背景 .psd"素材图像,如图 8-2 所示。

步骤 02 双击"邮箱图标背景"图层,弹出"图层样式"对话框,选中"内发光"复选框,在其中设置"发光颜色"为白色、"大小"为 2 像素,其他各选项设置如图 8-3 所示。

图 8-2 打开素材图像

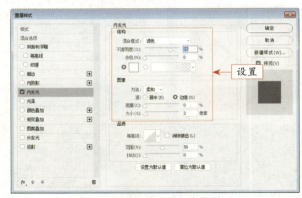

图 8-3 设置"内发光"选项

步骤 03 单击"确定"按钮,即可应用图层样式,效果如图8-4所示。

步骤 04 展开"图层"面板,新建"图层2"图层,如图8-5所示。

图8-4 应用图层样式

图8-5 新建"图层2"图层

8.1.2 设计邮箱图标整体效果

下面主要介绍邮箱图标整体效果的制作方法。

步骤 01 选取工具箱中的"自定形状工具",在工具属性栏上设置"工具模式"为"像素",在"形状"下拉列表框中选择"信封1"形状,如图8-6所示。

步骤 02 设置"前景色"为白色,在图像编辑窗口中绘制一个信封图形,如图8-7所示。

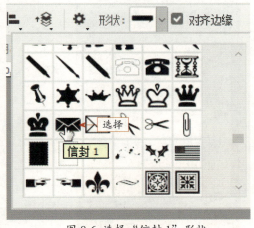

图8-6 选择"信封1"形状

图8-7 绘制信封图形

步骤 03 按【Ctrl + T】组合键,调出变换控制框,适当调整信封图形的大小和位置,如

8 APP UI 设计

图 8-8 所示。

步骤 04 执行操作后，按【Enter】键确认，效果如图 8-9 所示。

图 8-8 调整信封图形的大小和位置　　　　　图 8-9 确认变换

8.2 登录注册界面设计

本例制作的是一个 APP 登录界面，通过简洁的背景设计，加上完整的登录元素，包括用户名和密码输入框、登录按钮，以及第三方账号登录形式，这些都是目前 APP 登录界面中常见的设计元素，帮助大家快速掌握登录界面的设计方法。

本例最终效果如图 8-10 所示。

图 8-10 登录界面

素材文件	素材\第 8 章\登录界面背景 .jpg、文字图标 .psd
效果文件	效果\第 8 章\登录注册界面设计 .psd、登录注册界面设计 .jpg
视频文件	视频\第 8 章\8.2 登录注册界面设计 .mp4

8.2.1 设计登录界面背景效果

下面主要介绍 APP UI 登录界面的背景效果制作方法,主要使用"裁剪工具",以及各种调色和滤镜工具。

步骤 01 按【Ctrl + O】组合键,打开"登录界面背景 .jpg"素材图像,如图 8-11 所示。

步骤 02 选择"图像"|"调整"|"亮度/对比度"命令,弹出"亮度/对比度"对话框,设置"亮度"为 12、"对比度"为 27,单击"确定"按钮,即可调整图像的色彩亮度,效果如图 8-12 所示。

图 8-11 打开素材图像　　　　　　　　图 8-12 调整色彩亮度

步骤 03 选择"图像"|"调整"|"自然饱和度"命令,弹出"自然饱和度"对话框,设置"自然饱和度"为 80、"饱和度"为 20,单击"确定"按钮,即可调整图像的饱和度,效果如图 8-13 所示。

步骤 04 选择"滤镜"|"模糊"|"高斯模糊"命令,弹出"高斯模糊"对话框,设置"半径"为 8.0 像素,单击"确定"按钮,即可模糊图像,效果如图 8-14 所示。

8 APP UI 设计

图 8-13 调整饱和度　　　　　　　图 8-14 模糊图像

8.2.2 设计登录界面主体效果

下面主要介绍 APP UI 登录界面主体效果的制作方法，主要使用"矩形工具""圆角矩形工具""椭圆工具"来绘制登录界面中的各种控件元素。

步骤 01 选取工具箱中的"矩形工具"，设置"填充"为深灰色（RGB 参数值均为 65）、"描边"为"无"，绘制一个矩形，得到"矩形 1"图层，如图 8-15 所示。

步骤 02 在"图层"面板中，设置"矩形 1"图层的"不透明度"为 50%，效果如图 8-16 所示。

图 8-15 绘制矩形　　　　　　　图 8-16 设置不透明度

步骤 03 双击"矩形1"图层,在弹出的"图层样式"对话框中,选中"内阴影"复选框,设置"不透明度"为35%、"距离"为5像素、"大小"为5像素,如图8-17所示。

步骤 04 单击"确定"按钮,即可设置图层样式,效果如图8-18所示。

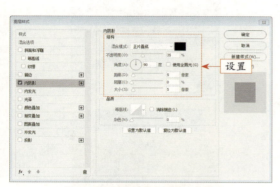

图8-17 设置"内阴影"选项

图8-18 添加图层样式

步骤 05 选中"矩形1"图层,按住【Alt】键,在矩形上单击,并向下拖至合适位置,释放鼠标左键,即可复制"矩形1"图像,并调整至合适位置,效果如图8-19所示。

步骤 06 选取工具箱中的"圆角矩形工具",在工具属性栏中,设置"半径"为"50像素"、"填充"为绿色(RGB参数值分别为77、216、99)、"描边"为"无",绘制一个圆角矩形,得到"圆角矩形1"图层,如图8-20所示。

图8-19 复制矩形

图8-20 绘制圆角矩形

步骤07 选取工具箱中的"椭圆工具",设置"填充"为白色(RGB参数值分别为255)、"描边"为"无",绘制一个正圆形,得到"椭圆1"图层,如图8-21所示。

步骤08 选取工具箱中的"矩形工具",设置"填充"为蓝色(RGB参数值分别为43、130、236)、"描边"为"无",绘制一个矩形,得到"矩形2"图层,如图8-22所示。

图8-21 绘制椭圆形

图8-22 绘制矩形

步骤09 双击"矩形2"图层,弹出"图层样式"对话框,选中"内阴影"复选框,在其中设置"距离"为2像素、"大小"为25像素,其他设置如图8-23所示。

步骤10 再选中"投影"复选框,在其中设置"阴影颜色"为灰色(RGB参数值均为167)、"距离"为2像素、"大小"为2像素,单击"确定"按钮,完成图层样式的设置,效果如图8-24所示。

图8-23 设置"内阴影"选项

图8-24 添加图层样式

8.2.3 设计登录界面整体效果

下面主要介绍 APP UI 登录界面整体效果的制作方法，主要是添加状态栏、登录框图标和文字元素。

步骤 01 打开"状态栏.psd"素材图像，将其拖至当前图像编辑窗口中，适当调整其位置，效果如图 8-25 所示。

步骤 02 打开"登录框图标.psd"素材图像，将其拖至当前图像编辑窗口中，适当调整其位置，效果如图 8-26 所示。

图 8-25 添加状态栏素材

图 8-26 添加图标素材

步骤 03 在"图层"面板中，设置"登录框图标"图层的"不透明度"均为 80%，效果如图 8-27 所示。

步骤 04 展开"字符"面板，设置"字体系列"为"微软雅黑"、"字体大小"为 18 点、"设置所选字符的字距调整"为 100、"颜色"为白色（RGB 参数值均为 0），如图 8-28 所示。

图 8-27 设置图标的不透明度

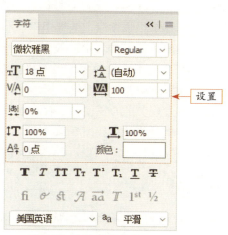
图 8-28 设置字符属性

步骤 05 选取工具箱中的"横排文字工具",在图像中的合适位置输入相应的文字内容,如图 8-29 所示。

步骤 06 打开"文字图标.psd"素材图像,将其拖至当前图像编辑窗口中,适当调整其位置,效果如图 8-30 所示。

图 8-29 输入文字　　　　　　　　图 8-30 添加其他素材

8.3 移动 APP 界面设计

　　对于手机 APP 来说,交互界面是人和手机进行信息交换的通道,用户通过图形识别与控制交互元素,进行有目的性的操作。例如,拍照应用的交互界面就是通过相机 APP 来操作手机摄像头,实现拍摄目的的。

　　便捷的手持操作、不胜枚举的创意 APP 应用程序、不亚于数码相机的摄像功能,手机摄影改变了人们使用单反相机习惯的同时,也在改变人们记录周围生活影像的习惯。使用手机拍照没有严格的摄影规则,也不需要专业的设备,只需要一部智能手机和一颗能够发现美的心灵便已足够。本节主要介绍设计手机相机应用程序交互界面的操作方法,本例最终效果如图 8-31 所示。

	素材文件	素材\第 8 章\APP 界面背景.jpg、定位图标.psd、虚拟按键.psd、更多图标.psd、相机应用图标.psd、照片.jpg、文字.psd
	效果文件	效果\第 8 章\移动 APP 界面设计.psd、移动 APP 界面设计.jpg
	视频文件	视频\第 8 章\8.3 移动 APP 界面设计.mp4

图 8-31 实例效果

8.3.1 设计界面背景效果

本节主要运用"裁剪工具"、"亮度/对比度"调整图层、"自然饱和度"调整图层、"魔棒工具",以及设置图层样式与混合模式等操作,设计相机应用程序交互界面的背景效果。

步骤 01 按【Ctrl + O】组合键,打开"APP 界面背景 .jpg"素材图像,如图 8-32 所示。

步骤 02 选择"图像"|"调整"|"亮度/对比度"命令,弹出"亮度/对比度"对话框,设置"亮度"为 25、"对比度"为 58,单击"确定"按钮,即可调整图像的色彩亮度,效果如图 8-33 所示。

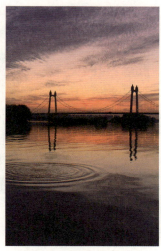
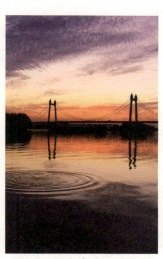

图 8-32 打开背景素材　　　　图 8-33 调整亮度和对比度

步骤03 选择"图像"|"调整"|"自然饱和度"命令,弹出"自然饱和度"对话框,设置"自然饱和度"为38、"饱和度"为15,单击"确定"按钮,效果如图 8-34 所示。

步骤04 选取工具箱中的"矩形工具",设置"填充"为白色(RGB 参数值均为 255)、"描边"为"无",绘制一个矩形,得到"矩形 1"图层,如图 8-35 所示。

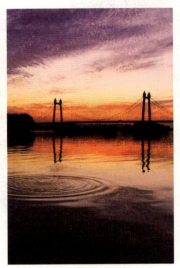

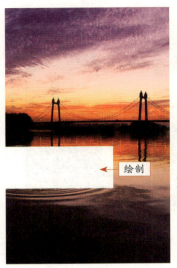

图 8-34 调整自然饱和度

图 8-35 绘制矩形

步骤05 在"图层"面板中,设置"矩形 1"图层的"不透明度"为 60%,如图 8-36 所示。

步骤06 执行操作后,即可改变图像效果,如图 8-37 所示。

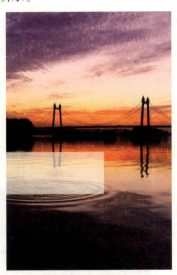

图 8-36 设置图层的不透明度

图 8-37 图像效果

步骤07 双击"矩形 1"图层,弹出"图层样式"对话框,选中"描边"复选框,设置"大小"为 2 像素、"颜色"为灰色（RGB 参数值均为 215），如图 8-38 所示。

步骤 08 单击"确定"按钮，应用"描边"图层样式，效果如图 8-39 所示。

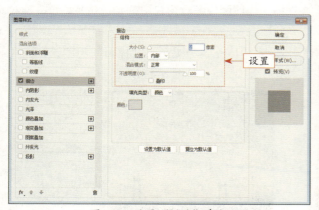
图 8-38 设置"描边"参数

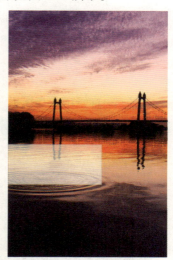
图 8-39 应用"描边"图层样式

步骤 09 打开"定位图标.psd"素材图像，运用"移动工具"将其拖至当前图像编辑窗口中，如图 8-40 所示。

步骤 10 双击"定位图标"图层，弹出"图层样式"对话框，选中"投影"复选框，设置"混合模式"为"正片叠底"、"不透明度"为 75%，取消选中"使用全局光"复选框，设置"角度"为 120 度、"距离"为 1 像素、"大小"为 5 像素，单击"确定"按钮，应用"投影"图层样式，效果如图 8-41 所示。

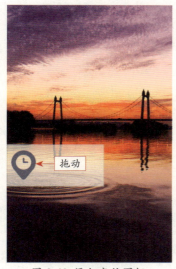
图 8-40 添加定位图标

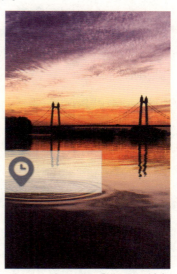
图 8-41 应用"投影"图层样式

8.3.2 设计界面整体效果

下面运用"矩形工具""椭圆工具""椭圆选框工具",以及"描边"命令和"横排文字工具"等,设计相机应用程序交互界面的整体效果。

步骤01 打开"虚拟按键.psd"素材,将其拖至当前图像编辑窗口中的合适位置,如图 8-42 所示。

步骤02 选取工具箱中的"矩形工具",设置"填充"为黑色、"描边"为"无",在图像编辑窗口中绘制一个矩形,得到"矩形 2"图层,如图 8-43 所示。

图 8-42 添加按键素材

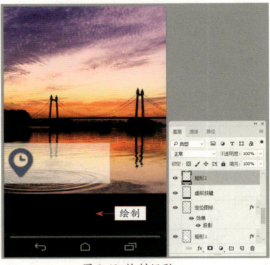

图 8-43 绘制矩形

步骤03 复制"矩形 2"图层,得到"矩形 2 拷贝"图层,如图 8-44 所示。

步骤04 按【Ctrl + T】组合键,调出变换控制框,适当调整图像的大小和位置,并按【Enter】键确认,效果如图 8-45 所示。

图 8-44 复制图层

图 8-45 调整图像的大小和位置

步骤 05 选取工具箱中的"椭圆工具",设置"填充"为绿色(RGB 参数值为 0、182、95)、"描边"为"无",在图像编辑窗口中绘制一个正圆形,如图 8-46 所示。

步骤 06 打开"更多图标 .psd"素材,将其拖至当前图像编辑窗口中的合适位置,如图 8-47 所示。

图 8-46 绘制正圆形

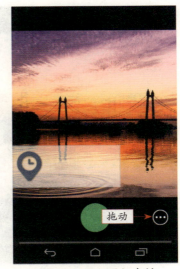

图 8-47 添加图标素材

步骤 07 打开"相机应用图标 .psd"素材,将其拖至当前图像编辑窗口中的合适位置,如图 8-48 所示。

步骤 08 打开"照片 .jpg"素材,将其拖至当前图像编辑窗口中的合适位置,如图 8-49 所示。

8 APP UI 设计　127

图 8-48 添加相机应用图标素材

图 8-49 添加照片素材

步骤09 按【Ctrl+T】组合键，调出变换控制框，适当调整图像的大小和位置，并按【Enter】键确认，效果如图 8-50 所示。

步骤10 打开"文字.psd"素材，将其拖至当前图像编辑窗口中的合适位置，效果如图 8-51 所示。

图 8-50 调整图像

图 8-51 最终效果

UI 美工篇

9 H5 移动页面设计

学习提示

H5 是指第 5 代 HTML，指的是包括 HTML、CSS 和 JavaScript 在内的一套技术组合。它用于减少浏览器对于需要插件的丰富性网络应用服务，并且提供更多能有效增强网络应用的标准集。H5 可以使互联网也能够轻松实现类似桌面的应用体验，目前已成为朋友圈的新潮流。

本章重点导航

- 电商产品 H5 页面设计
- 公司介绍 H5 页面设计
- 专场招聘会 H5 页面设计

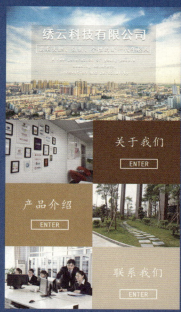

9.1 电商产品 H5 页面设计

在这个科技仍在大步跨进的时代，数码产品的换代已如流水般飞快，一份好的电商产品 H5 页面设计就是从众多的数码产品及竞争对手中脱颖而出的关键，效果如图 9-1 所示。

图 9-1 电商产品 H5 页面设计

素材文件	素材\第 9 章\相机 1.psd、烟雾.psd、相机 2.psd、黑白镜头.psd
效果文件	效果\第 9 章\电商产品 H5 页面设计.psd、电商产品 H5 页面设计.jpg
视频文件	视频\第 9 章\9.1 电商产品 H5 页面设计.mp4

9.1.1 设计电商产品杂色背景效果

电商产品页面的背景设计，侧重于渲染、烘托氛围，反衬内容，增加内容的识别度。

步骤 01 选择"文件"|"新建"命令，弹出"新建文档"对话框，设置"名称"为"电商产品 H5 页面设计"、"宽度"为 1080 像素、"高度"为 1920 像素、"分辨率"为 300 像素/英寸、"颜色模式"为"RGB 颜色"、"背景内容"为"白色"，如图 9-2 所示。

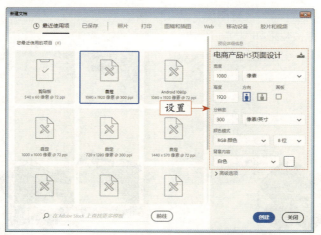

图 9-2 "新建文档"对话框

步骤 02 展开"图层"面板，新建"图层 1"图层，设置"前景色"为米白色（RGB 参数值分别为 248、248、246），为"图层 1"图层填充米白色，选择"滤镜"|"添加杂色"命令，弹出"添加杂色"对话框，设置"数量"为 7%，选中"高斯分布"单选按钮和"单色"复选框，如图 9-3 所示。

步骤 03 打开"烟雾.psd"素材图像，运用"移动工具"将素材图像拖至背景图像编辑窗口中的适当位置，效果如图 9-4 所示。

图 9-3 填充前景色和杂色

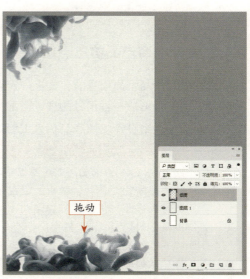

图 9-4 添加烟雾素材

步骤 04 打开"相机 1.psd"素材图像，运用"移动工具"将素材图像拖至背景图像编辑窗口中的适当位置，效果如图 9-5 所示。

步骤 05 打开"相机 2.psd"素材图像,运用"移动工具"将素材图像拖至背景图像编辑窗口中的适当位置,效果如图 9-6 所示。

图 9-5 添加相机素材

图 9-6 变形调整图像

▶ 专家指点

在 Photoshop CC 2018 中,利用"杂色"滤镜组中的命令可以添加或移去图像中的杂色及带有随机分布色阶的像素。

9.1.2 设计电商产品信息点缀效果

设计电商产品页面信息时,文字一定要与背景及图像互衬,简单明了的广告词与简洁的背景图像会形成一种很好的视觉搭配。

下面详细介绍设计电商产品信息点缀效果的方法。

▶ 专家指点

在 Photoshop CC 2018 中,变换图像是非常有效的图像编辑手段,用户可以根据需要对图像进行调整缩放、斜切、扭曲、透视等操作。

除了上述操作外,用户还可以运用"自由变换"命令,斜切图像,再配合"渐变工具"制作出逼真的倒影效果。

与斜切不同的是,执行扭曲操作时,可以随意拖动控制点,不受调整边框方向的限制,若在拖动鼠标的同时按住【Alt】键,则可以制作出对称扭曲效果,而斜切则会受到调整边框的限制。

如果需要将平面图形变换为透视效果,就可以运用透视功能进行调节。选择"透视"命令,即会显示变换控制框,此时按下鼠标左键并拖动可以进行透视变换。

步骤 01 ❶选取工具箱中的"横排文字工具"输入相对应的文字;❷展开"字符"面板,

设置"字体系列"为"黑体"、"字体大小"为 25.12 点、"设置所选字符的字距调整"为 0、"颜色"为黑色（RGB 参数值均为 0），并激活仿粗体图标，效果如图 9-7 所示。

步骤 02 ❶选取工具箱中的"横排文字工具"，输入相应的文字；❷展开"字符"面板，设置"字体系列"为"经典细隶书简"、"字体大小"为 24 点、"设置所选字符的字距调整"为 0、"颜色"为黑色（RGB 参数值均为 0），如图 9-8 所示。

图 9-7 输入标题文字　　　　　　　　图 9-8 输入文字

步骤 03 打开"黑白镜头 .psd"素材图像，运用"移动工具"将素材图像拖至背景图像编辑窗口中的适当位置，效果如图 9-9 所示。

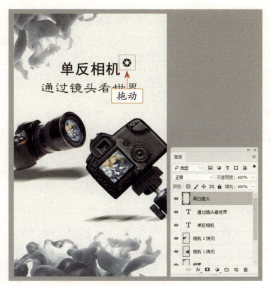

图 9-9 拖动图像

9 H5 移动页面设计　133

9.2 公司介绍 H5 页面设计

公司介绍是公司对外传播的信息,简单明了的介绍能够使外界清楚明白地了解公司。好的公司介绍,不仅仅是文字介绍,还有一个好看的版面设计,如图 9-10 所示为某公司介绍 H5 页面设计。

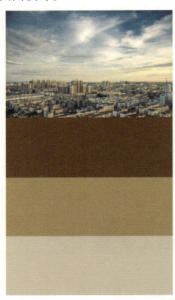

图 9-10 公司介绍 H5 页面设计

	素材文件	素材\第 9 章\主题图 .jpg、插图 1.jpg、插图 2.jpg、插图 3.jpg
	效果文件	效果\第 9 章\公司介绍 H5 页面设计 .psd、公司介绍 H5 页面设计 .jpg
	视频文件	视频\第 9 章\9.2 公司介绍 H5 页面设计 .mp4

9.2.1 公司介绍背景色块效果设计

设计一个好的背景效果,需要的不仅仅是色彩或图片上的搭配,更为重要的是要与公司性质相吻合。下面详细介绍制作公司介绍背景色块效果的方法。

步骤 01 选择"文件"|"新建"命令,弹出"新建文档"对话框,设置"名称"为"公司介绍 H5 页面设计"、"宽度"为 1080 像素、"高度"为 1920 像素、"分辨率"为 300 像素/英寸、"颜色模式"为"RGB 颜色"、"背景内容"为"白色",如图 9-11 所示。

步骤 02 单击"创建"按钮,新建一个空白文档,如图 9-12 所示。

图 9-11 "新建文档"对话框　　　　　图 9-12 创建空白文档

步骤03 按【Ctrl＋O】组合键，打开"主题图.jpg"素材图像，运用"移动工具"将素材图像拖至背景图像编辑窗口中，适当调整图像的位置，效果如图 9-13 所示。

步骤04 选取"矩形工具"，在图像编辑窗口中，绘制 3 个大小一样的矩形，颜色从上到下依次为深褐色（RGB 参数值为 106、57、6）、浅褐色（RGB 参数值为 178、136、80）、暗米色（RGB 参数值为 209、192、165），设置"描边"为"无"，并按【Enter】键确认，效果如图 9-14 所示。

图 9-13 添加素材　　　　　　　　图 9-14 绘制矩形色块

9.2.2 公司介绍图片文字效果设计

公司介绍中的内容要切入关键点，例如公司名称、关于公司、公司产品及联系方式等。下面详细介绍制作公司介绍图片文字效果的方法。

步骤01 按【Ctrl＋O】组合键，打开"插图 1.jpg"素材图像，运用"移动工具"将素材图像拖拽至背景图像编辑窗口中,适当调整图像位置,效果如图 9-15 所示。

步骤02 按【Ctrl+O】组合键,依次打开"插图 2.jpg""插图 3.jpg"素材图像,运用"移动工具"将素材图像拖至背景图像编辑窗口中,适当调整图像位置,效果如图 9-16 所示。

图 9-15 拖动图像 1

图 9-16 拖动图像 2

步骤03 选取工具箱中的"横排文字工具",输入文字,打开"字符"面板,设置"字体系列"为"黑体"、"字体大小"为 18 点、"设置所选字符的字距调整"为 50、"颜色"为白色(RGB 参数值均为 255),并激活仿粗体图标,效果如图 9-17 所示。

步骤04 选取工具箱中的"横排文字工具",输入文字,在"字符"面板中设置"字体系列"为"楷体"、"字体大小"为 9 点、"设置所选字符的字距调整"为 50、"颜色"为白色(RGB 参数值均为 255),并激活仿粗体图标,效果如图 9-18 所示。

图 9-17 输入文字 1

图 9-18 输入文字 2

步骤05 选取工具箱中的"横排文字工具"输入文字,在"字符"面板中,设置"字体系列"为"楷体"、"字体大小"为6.69点、"设置行距"为10点、"设置所选字符的字距调整"为50、"颜色"为白色（RGB参数值均为255），并激活仿粗体图标，如图9-19所示。

步骤 06 按住【Shift】键的同时，选取3个文字图层，按【Ctrl＋G】组合键，进行图层编组，将编组得到的图层命名为"文字组1"，如图9-20所示。

图9-19 输入文字

图9-20 创建文字组

步骤 07 ❶双击"文字组1"图层，弹出"图层样式"对话框，选中"投影"复选框；❷设置"混合模式"为"正片叠底"、"不透明度"为32%、"角度"为90度、"距离"为4像素、"扩展"为8%，效果如图9-21所示。

步骤 08 单击"确定"按钮，为图层添加图层样式，效果如图9-22所示。

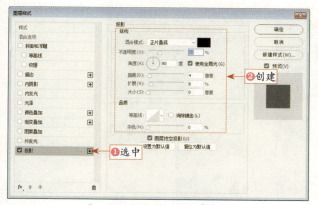

图9-21 设置"投影"参数

图9-22 添加"投影"图层样式

步骤09 在"字符"面板中，设置"字体系列"为"楷体"、"字体大小"为18点、"设置所选字符的字距调整"为50、"颜色"为白色（RGB参数值均为255），输入相应的3个文本，并分别调整至合适位置，效果如图9-23所示。

步骤10 选取工具箱中的"矩形工具"，在工具属性栏中设置"填充"为"无"、"描边"为白色（RGB参数值均为255）、"像素"为5，在图像编辑窗口中依次绘制3个矩形，适当调整图像大小及位置，效果如图9-24所示。

图9-23 输入文字　　　　　　图9-24 绘制矩形框

步骤11 在"字符"面板中，设置"字体系列"为"楷体"、"字体大小"为10.43点、"设置所选字符的字距调整"为50、"颜色"为白色（RGB参数值均为255），在相应位置输入相应的3个"ENTER"文本图层，效果如图9-25所示。

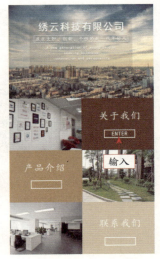 

图9-25 输入文字

9.2.3 公司介绍文字装饰效果设计

公司介绍界面的设计,一定要适当地融入公司特色,不要过于偏执地使用文字和图片进行公司宣传介绍。下面详细介绍制作公司介绍文字装饰效果的方法。

> ▶ 专家指点
>
> H5的界面尽管不大,但是自身能够通过多种导航条或者各种互动链接一步步地引导用户互动操作,将内容全面而细致地体现出来,不仅能够打破常规的广告页面令人厌烦的规格,又能够很好地吸引用户了解广告内容。

步骤 01 展开"图层"面板,选择"主题图"图层,按【Ctrl+M】组合键,弹出"曲线"的"属性"面板对话框,在曲线上单击新建一个控制点,在下方设置"输入"为147、"输出"为216,单击"确定"按钮,效果如图9-26所示。

步骤 02 选择"窗口"|"调整"命令,展开"调整"面板,在其中单击"自然饱和度"按钮,在"属性"面板中设置"自然饱和度"为42、"饱和度"为27,效果如图9-27所示。

图 9-26 调整曲线

图 9-27 调整自然饱和度

> ▶ 专家指点
>
> 在Photoshop CC 2018中,利用"自然饱和度"命令可以调整整幅图像或单个颜色分量的饱和度和亮度值。

步骤 03 在"自然饱和度"图层上方新建一个"主题文字阴影"图层,选取工具箱中的"矩形工具",在工具属性栏中设置"填充"为黑色(RGB参数值均为0)、"描边"为白色(RGB参数值均为255)、"像素"为1,并在"图层"面板中设置图层的"不透明度"为10%,在图像编辑窗口中绘制一个矩形,效果如图9-28所示。

步骤04 新建一个"矩形边框"图层,选取工具箱中的"矩形工具",在工具属性栏中设置"填充"为"无"、"描边"为白色(RGB 参数值均为 255)、"像素"为 2,在图像编辑窗口中绘制一个矩形,如图 9-29 所示。

图 9-28 绘制矩形

图 9-29 绘制矩形边框

步骤05 ❶双击"矩形边框"图层,弹出"图层样式"对话框,选中"投影"复选框;❷设置"混合模式"为"正片叠底"、"颜色"为黑色(RGB 参数值均为 0)、"不透明度"为 32%、"角度"为 90 度、"距离"为 4 像素、"扩展"为 8%、"大小"为 0 像素,如图 9-30 所示。

步骤06 单击"确定"按钮,即可添加投影图层样式,效果如图 9-31 所示。至此,完成公司介绍 H5 页面设计。

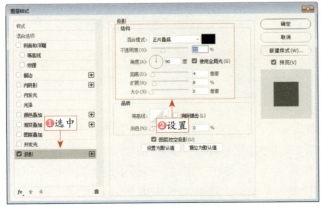
图 9-30 设置"投影"参数

图 9-31 添加"投影"图层样式

9.3 专场招聘会 H5 页面设计

企业举办专场招聘会是为了满足企业的用人需求,一方面补充离职人员和扩大企业规模,另一方面也能够增强企业自身的竞争优势。

本实例最终效果如图 9-32 所示。

图 9-32 专场招聘会 H5 页面设计

素材文件	素材\第 9 章\风景照 .jpg、标志 .psd
效果文件	效果\第 9 章\专场招聘会 H5 页面设计 .psd、专场招聘会 H5 页面设计 .jpg
视频文件	视频\第 9 章\9.3 专场招聘会 H5 页面设计 .mp4

9.3.1 专场招聘会渐变合成背景效果设计

在设计背景时,将图片与背景运用渐变合成的效果进行制作,可以使图片与背景更为融洽,下面详细介绍设计专场招聘会渐变合成背景效果的方法。

步骤 01 选择"文件"|"新建"命令,弹出"新建"对话框,设置"名称"为"专场招聘会 H5 页面设计"、"宽度"为 1080 像素、"高度"为 1920 像素、"分辨率"为 300 像素 / 英寸、"颜色模式"为"RGB 颜色"、"背景内容"为"白色",如图 9-33 所示。

步骤 02 单击"创建"按钮,新建一个空白文档,如图 9-34 所示。

9 H5 移动页面设计　141

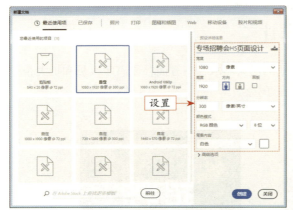

图 9-33 "新建文档"对话框　　　　　　图 9-34 创建空白文档

步骤 03　在"图层"面板下方，单击"创建新图层"按钮，新建一个"图层 1"图层，选取工具箱中的"渐变工具"，打开"渐变编辑器"对话框，在渐变条上设置红褐色到褐色的渐变（RGB 参数值分别为 152、53、44；39、11、1），如图 9-35 所示。

步骤 04　在工具属性栏中设置渐变方式为"线性渐变"，选择"图层 1"，由上至下拖动鼠标，为图层填充线性渐变，效果如图 9-36 所示。

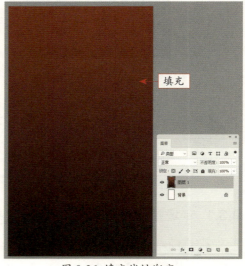

图 9-35 新建渐变预设　　　　　　图 9-36 填充线性渐变

步骤 05　按【Ctrl + O】组合键，打开"风景照 .jpg"素材图像，运用"移动工具"将素材图像拖至背景图像编辑窗口中，并将图层命名为"风景照"，效果如图 9-37 所示。

步骤 06　在"图层"面板中，选中"风景照"图层，单击面板下方的"添加图层蒙版"按钮，为图层添加蒙版，打开"渐变编辑器"对话框，选择"预设"为"前景色到背景色渐变"，并单击"确定"按钮，选择渐变预设，如图 9-38 所示。

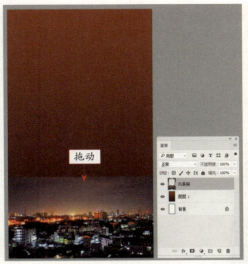
图 9-37 拖动图像

图 9-38 选择渐变预设

步骤 07 在"图层"面板中，单击"风景照"图层中的图层蒙版缩览图，并选取工具箱中的"渐变工具"，在工具属性栏中设置渐变方式为"线性渐变"，在图像编辑窗口中的"风景照"图像上，由上至下垂直拖动鼠标至合适位置，为图层蒙版添加线性渐变，效果如图 9-39 所示。

步骤 08 选择"窗口"|"调整"命令，在弹出的"调整"面板中，单击"创建新的曲线调整图层"按钮，创建一个"曲线 1"图层，在曲线上单击新建两个控制点，在下方分别设置"输入"为 10、"输出"为 0，"输入"为 190、"输出"为 255，如图 9-40 所示。

图 9-39 添加蒙版线性渐变

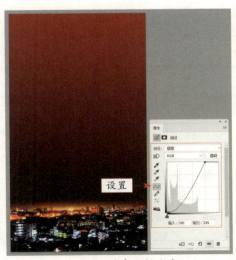
图 9-40 创建调整曲线

> ▶ 专家指点
>
> 在Photoshop CC 2018中,"曲线"命令是功能强大的图像校正命令,这个命令可以在图像的整个色调范围内调整不同的色调,还可以对图像中的个别颜色通道进行精确的调整。

步骤09 在"调整"面板中,单击"创建新的自然饱和度调整图层"按钮,创建一个"自然饱和度1"图层,设置"自然饱和度"为70、"饱和度"为14,效果如图9-41所示。

图9-41 设置自然饱和度和饱和度

> ▶ 专家指点
>
> 在Photoshop CC 2018中,利用"自然饱和度"命令可以调整整幅图像或单个颜色分量的饱和度及亮度值。
>
> 自然饱和度:在颜色接近最大饱和度时,最大限度地减少修剪,可以防止过度饱和。
>
> 饱和度:用于调整所有颜色,而不考虑当前的饱和度。

9.3.2 专场招聘会招聘信息边框效果设计

在设计招聘会页面时,为了突出招聘主题,可以制作一个边框效果,将招聘主题置于边框内。下面详细介绍制作专场招聘会招聘信息边框效果的方法。

步骤01 选取工具箱中的"多边形工具",在工具属性栏中设置"工具模式"为"形状"、"填充"为"无"、"描边"为白色(RGB参数值均为255)、"描边宽度"为6像素、"边"为6,按住【Shift】键的同时,在图像编辑窗口中的适当位置绘制一个六边形,得到"多边形1"图层,效果如图9-42所示。

步骤02 选取工具箱中的"直线工具",在工具属性栏中设置"工具模式"为"形状"、

"粗细"为10像素、"填充"为白色（RGB参数值均为255），在图像编辑窗口中绘制直线形状，效果如图9-43所示。

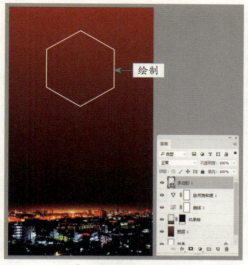

图9-42 绘制六边形

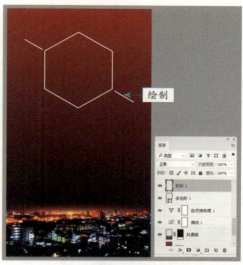

图9-43 绘制直线

步骤 03 选取工具箱中的"横排文字工具"，选择"窗口"|"字符"命令，在弹出的"字符"面板中设置"字体系列"为"方正细黑-简体"、"字体大小"为55点、"设置所选字符的字距调整"为0、"颜色"为白色（RGB参数值均为255），并激活仿粗体图标，输入相应的文本并调整至合适位置，如图9-44所示。

步骤 04 在"字符"面板中设置"字体系列"为"方正细黑-简体"、"字体大小"为11点、"设置所选字符的字距调整"为100、"颜色"为白色（RGB参数值均为255），并激活仿粗体图标，输入相应的文本并调整至合适位置，效果如图9-45所示。

图9-44 输入文字1

图9-45 输入文字2

9.3.3 专场招聘会文字宣传内容设计

招聘页面的设计除了需要彰显主题外,还需要标明一些重要的文字信息,例如招聘会的主题、时间、地点等,下面详细介绍专场招聘会文字宣传内容的制作。

步骤 01 选取工具箱中的"横排文字工具",选择"窗口"|"字符"命令,在弹出的"字符"面板中,设置"字体系列"为"方正小标宋简体"、"字体大小"为18点、"设置所选字符的字距调整"为50、"颜色"为白色(RGB参数值均为255),输入相应的文本并调整至合适位置,如图9-46所示。

步骤 02 选取工具箱中的"横排文字工具",在"字符"面板中,设置"字体系列"为"方正小标宋简体"、"字体大小"为21.76点、"设置所选字符的字距调整"为0、"颜色"为白色(RGB参数值均为255),并激活放粗体图标,输入相应的文本并调整至合适位置,效果如图9-47所示。

图 9-46 输入文字 1

图 9-47 输入文字 2

步骤 03 在"字符"面板中,设置"字体系列"为"方正中倩简体"、"字体大小"为10点、"设置所选字符的字距调整"为50、"颜色"为白色(RGB参数值均为255),输入相应的文本并调整至合适位置,如图9-48所示。

步骤 04 在"字符"面板中,设置"字体系列"为"方正中倩简体"、"字体大小"为6.9点、"设置所选字符的字距调整"为50、"颜色"为白色(RGB参数值均为255),输入相应的文本并调整至合适位置,如图9-49所示。

图 9-48 输入文字 3

图 9-49 输入文字 4

步骤 05 在"字符"面板中,设置"字体系列"为"方正细黑 - 简体"、"字体大小"为 10 点、"设置所选字符的字距调整"为 50、"颜色"为白色(RGB 参数值均为 255),输入相应的文本并调整至合适位置,如图 9-50 所示。

步骤 06 在"字符"面板中,设置"字体系列"为"方正细黑 - 简体"、"字体大小"为 6 点、"设置所选字符的字距调整"为 0、"颜色"为白色(RGB 参数值均为 255),输入相应的文本并调整至合适位置,如图 9-51 所示。

图 9-50 输入文字 5

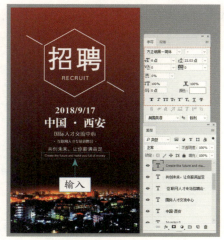
图 9-51 输入文字 6

步骤 07 在"字符"面板中,设置"字体系列"为"方正细黑 - 简体"、"字体大小"为 10 点、"设置行距"为 16 点、"设置所选字符的字距调整"为 0、"颜色"为白色(RGB 参数值均为 255),输入相应的文本并调整至合适位置,如图 9-52 所示。

步骤 08 按【Ctrl + O】组合键，打开"标志.psd"素材图像，运用"移动工具"将素材图像拖至图像编辑窗口中的合适位置，并将"图层"命名为"标志"，效果如图 9-53 所示。至此，完成专场招聘会 H5 页面设计。

图 9-52 输入文字 7

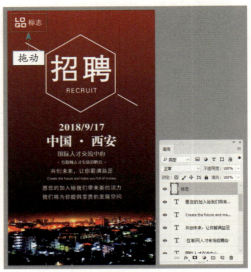

图 9-53 添加"标志"素材

▶ 专家指点

在 Photoshop CC 2018 中，文字工具是工具箱中最常用的一种工具，在很多设计作品尤其是商业作品中不可或缺，通过对文字进行编排与设计，不但能够更加有效地表现设计主题，而且可以对图像起到美化作用。

UI 美工篇

10 小程序 UI 设计

学习提示

微信小程序是一种不需要下载安装即可使用的应用，它实现了应用"触手可及"的梦想，用户扫一扫或者搜一下即可打开应用。它的出现将会让应用无处不在，随时可用，但又无需安装和卸载。微信小程序将成为一个新的热潮。

本章重点导航

- 外卖小程序 UI 设计
- 摄影小程序 UI 设计
- 旅游小程序 UI 设计

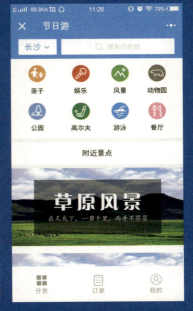

10.1 外卖小程序 UI 设计

用小程序点外卖是很多上班族每天都会进行的操作,一款好的外卖小程序,其 UI 设计自然也需要做好,必须让用户感到满意。本实例制作的是一个简单实用的外卖点餐 UI,既展示了美食图片,同时还具有下单、查询和联系商家等功能,效果如图 10-1 所示。

图 10-1 外卖小程序 UI 设计

素材文件	素材\第 10 章\美食 .jpg、外卖图标 .psd、外卖 LOGO.psd
效果文件	效果\第 10 章\外卖小程序 .psd、外卖小程序 .jpg
视频文件	视频\第 10 章\10.1 外卖小程序 .mp4

10.1.1 外卖小程序 UI 主体效果设计

下面主要运用 Photoshop 的影调调整命令,增强美食商品图片的影调和色彩魅力,使其更加吸引消费者的眼球。

步骤 01 选择"文件"|"新建"命令,弹出"新建文档"对话框,设置"名称"为"外卖小程序"、"宽度"为 720 像素、"高度"为 1280 像素、"分辨率"为 300 像素/英寸、"颜色模式"为"RGB 颜色"、"背景内容"为"白色",如图 10-2 所示。

步骤 02 单击"创建"按钮,新建一个空白文档,如图 10-3 所示。

> ▶ 专家指点
>
> 　　在新建文档时一定要注意其相关属性。新建网页及移动端应用这些在屏幕上显示的的文档时，单位一定要用"像素"，"分辨率"一般为72像素/英寸及以上，一般最大不会超过300像素/英寸，数值越大，图像越清晰，但同样文件也越大，"颜色模式"为"RGB颜色"。

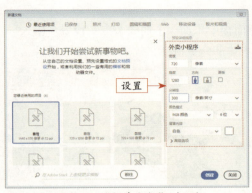

图 10-2　"新建文档"对话框

图 10-3　新建"背景"图层

步骤 03 按【Ctrl + O】组合键，打开"美食.jpg"素材图像，运用"移动工具"将素材图像拖至背景图像编辑窗口中，适当调整其大小和位置，效果如图 10-4 所示。

步骤 04 新建"亮度/对比度 1"调整图层，在"属性"面板中设置"亮度"为 -10、"对比度"为 25，调整图像的影调，效果如图 10-5 所示。

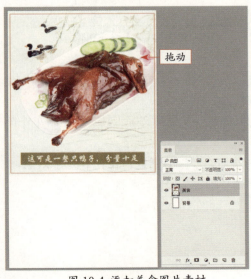

图 10-4　添加美食图片素材

图 10-5　调整图像的影调

> ▶ 专家指点
>
> 使用"亮度/对比度"命令可以对图像的色彩进行简单的调整,它对图像的每个像素都进行同样的调整。"亮度/对比度"命令对单个通道不起作用,所以该调整方法不适用于高精度输出。

步骤 05 新建"自然饱和度 1"调整图层,在"属性"面板中设置"自然饱和度"为 66,提升画面的色彩效果,如图 10-6 所示。

步骤 06 新建"曲线 1"调整图层,在"属性"面板中添加一个曲线节点,设置"输入"为 150、"输出"为 170,适当提亮图像,让主体部分更清晰,效果如图 10-7 所示。

图 10-6 调整饱和度效果

图 10-7 适当提亮图像

10.1.2 外卖小程序 UI 细节效果设计

下面主要运用"圆角矩形工具"、"字符"面板及"横排文字工具"等,制作外卖小程序 UI 中的按钮和功能菜单等细节效果。

步骤 01 单击"前景色"色块,弹出"拾色器(前景色)"对话框,在其中设置 RGB 参数值分别为 212、73、15,如图 10-8 所示,单击"确定"按钮。

步骤 02 在"图层"面板中,新建"图层 2"图层,如图 10-9 所示。

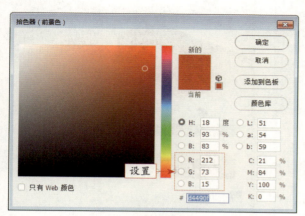

图 10-8 设置前景色

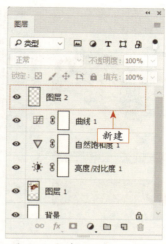

图 10-9 新建"图层 2"图层

步骤 03 选取工具箱中的"圆角矩形工具",在工具属性栏中选择"工具模式"为"像素",并设置"半径"为 5 像素,绘制一个圆角矩形图像,如图 10-10 所示。

步骤 04 展开"字符"面板,设置"字体系列"为"微软雅黑"、"字体大小"为 10 点、"颜色"为白色(RGB 参数值分别为 255、255、255),如图 10-11 所示。

图 10-10 绘制圆角矩形

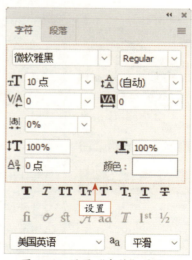

图 10-11 设置"字符"属性

步骤 05 选取工具箱中的"横排文字工具",在圆角矩形上输入相应的文字,如图 10-12 所示。

步骤 06 打开"外卖图标.psd"素材图像,运用"移动工具"将素材图像拖至背景图像编辑窗口中的适当位置,效果如图 10-13 所示。

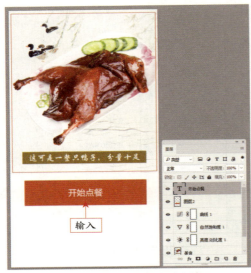
图 10-12 输入相应的文字

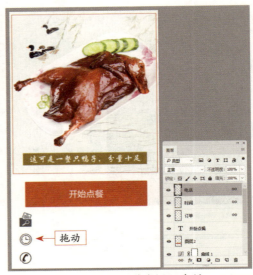
图 10-13 添加外卖图标素材

步骤07 ❶选取工具箱中的"横排文字工具",输入相应文字,❷展开"字符"面板,设置相应的字符属性,效果如图 10-14 所示。

步骤08 复制文字,并调整至合适的位置,然后修改其内容,效果如图 10-15 所示。

图 10-14 输入相应的文字

图 10-15 复制并修改文字内容

10.1.3 外卖小程序 UI 文字效果设计

下面主要运用"直排文字工具"、"字符"面板及各种图层样式等,制作外卖小程序 UI 中的宣传文案效果，点明小程序的主题。

步骤 01　❶选取工具箱中的"直排文字工具"，输入相应的文字；❷展开"字符"面板，设置"字体系列"为"微软简行楷"、"字体大小"为 36 点、"设置所选字符的字距调整"为 -100、"颜色"为浅橙黄色（RGB 参数值分别为 255、192、0），效果如图 10-16 所示。

步骤 02　双击文字图层，打开"图层样式"对话框，选中"斜面和浮雕"复选框，保持默认设置即可，如图 10-17 所示。

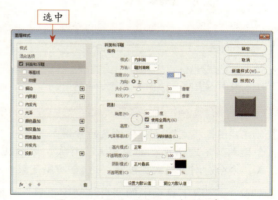

图 10-16　输入相应的文字　　　　　　　　图 10-17　设置"斜面和浮雕"参数

步骤 03　选中"外发光"复选框，设置"不透明度"为 36%、"扩展"为 0%、"大小"为 20 像素，如图 10-18 所示。

步骤 04　选中"投影"复选框，设置"混合模式"为"正常"、"不透明度"为 100%、"角度"为 90 度、"距离"为 5 像素、"大小"为 15 像素，如图 10-19 所示。

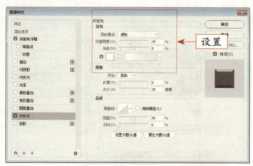
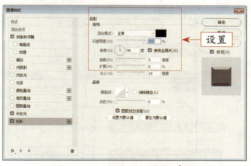

图 10-18　设置"外发光"参数　　　　　　图 10-19　设置"投影"参数

步骤 05　选中"渐变叠加"复选框，在"渐变"下拉列表中选择"蓝紫, 橙渐变"选项，如图 10-20 所示。

步骤 06　单击"确定"按钮，即可添加各图层样式，效果如图 10-21 所示。

图 10-20 设置"渐变叠加"参数

图 10-21 添加图层样式

> ▶ 专家指点
>
> "图像模式"是制作效果的常用工具之一。以"渐变叠加"为例,主要功能包括混合模式、不透明度、渐变模式、样式、方向及缩放等,在使用的过程中主要注意其样式、方向、渐变模式、缩放,这 4 个功能是影响渐变效果的主要功能。

步骤 07 ❶选取工具箱中的"直排文字工具",输入相应的文字;❷展开"字符"面板,设置"字体系列"为"微软简行楷"、"字体大小"为 6 点、"行距"为 8 点、"字距"为 250,颜色为棕色(RGB 参数值分别为 143、40、0),效果如图 10-22 所示。

步骤 08 打开"外卖 LOGO.psd"素材图像,运用"移动工具"将素材图像拖至背景图像编辑窗口中的适当位置,效果如图 10-23 所示。

图 10-22 添加宣传文字素材

图 10-23 添加外卖 LOGO 素材

10.2 摄影小程序 UI 设计

本实例主要介绍一个摄影小程序的 UI 制作方法，通过轮播广告 + 页内导航 + 作品欣赏 + 底部导航的布局方式，全面展现摄影小程序的功能特色，效果如图 10-24 所示。

图 10-24 摄影小程序 UI 设计

素材文件	素材\第 10 章\状态栏.psd、照片.jpg、底部导航 1.psd、装饰文字.psd\导航图标.psd、照片欣赏.psd	
效果文件	效果\第 10 章\摄影小程序.psd、摄影小程序.jpg	
视频文件	视频\第 10 章\10.2 摄影小程序.mp4	

10.2.1 摄影小程序 UI 主体效果设计

下面主要运用 Photoshop 的移动设备预设模板和"椭圆工具"等，设计制作摄影小程序 UI 主体效果。

步骤 01 选择"文件"|"新建"命令，弹出"新建文档"对话框，❶切换至"移动设备"选项卡；❷在"空白文档预设"选项区域选择 Android 1080P 选项，设置相应的文档名称，如图 10-25 所示。

步骤 02 单击"创建"按钮，新建一个空白文档，如图 10-26 所示。

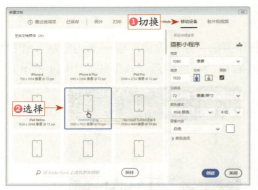

图 10-25 "新建文档"对话框　　　　　　　图 10-26 新建空白文档

步骤 03 打开"状态栏.psd"素材图像,运用"移动工具"将素材图像拖至背景图像编辑窗口中的适当位置,效果如图 10-27 所示。

步骤 04 打开"照片.jpg"素材图像,运用"移动工具"将素材图像拖至背景图像编辑窗口中的适当位置,效果如图 10-28 所示。

图 10-27 添加状态栏素材　　　　　　　图 10-28 拖入照片素材

步骤 05 选取工具箱中的椭圆工具,在工具属性栏中选择"工具模式"为"形状"、"填充"为黑色,绘制一个椭圆形状,效果如图 10-29 所示。

步骤 06 ❶将该椭圆形状复制两次,❷并调整至合适位置,❸设置相应椭圆形状图层的"不透明度"为 50%,效果如如图 10-30 所示。

图 10-29 绘制椭圆形状

图 10-30 复制并调整椭圆形状

步骤 07 打开"底部导航 1.psd"素材图像，运用"移动工具"将素材图像拖至背景图像编辑窗口中的适当位置，效果如图 10-31 所示。

步骤 08 打开"装饰文字.psd"素材图像，运用"移动工具"将素材图像拖至背景图像编辑窗口中的适当位置，效果如图 10-32 所示。

图 10-31 添加底部导航素材

图 10-32 添加装饰文字素材

10.2.2 摄影小程序 UI 导航按钮设计

下面主要运用"矩形工具"设计制作摄影小程序 UI 导航按钮，具体方法如下：

步骤01 选取工具箱中的"矩形工具",在工具属性栏中选择"工具模式"为"形状"、"填充"为橙黄色(RGB参数值分别为241、145、73),绘制一个矩形形状,如图10-33所示。

步骤02 展开"属性"面板,设置矩形形状的 W 为 350 像素、H 为 200 像素,并调整其大小,效果如图10-34所示。

图10-33 绘制矩形形状　　　　　图10-34 调整矩形大小

步骤03 复制 5 个矩形形状,适当调整各矩形形状的位置,效果如图10-35所示。

步骤04 打开"导航图标.psd"素材图像,运用"移动工具"将素材图像拖至背景图像编辑窗口中的适当位置,效果如图10-36所示。

图10-35 复制矩形形状并调整其位置　　　　　图10-36 添加导航图标素材

步骤05 ❶选取工具箱中的横排文字工具输入小程序的标题文字;❷展开"字符"面板,

设置"字体系列"为"华文楷体"、"字体大小"为60点、"颜色"为白色,如图10-37所示。

步骤 06 打开"照片欣赏.psd"素材图像,运用"移动工具"将素材图像拖至背景图像编辑窗口中的适当位置,效果如图10-38所示。

图 10-37 输入标题文字

图 10-38 添加照片欣赏素材

10.3 旅游小程序 UI 设计

在制作旅游小程序 UI 时,主要采用白色作为背景色,标题栏采用明亮的蓝色,对比非常清晰,同时添加色彩丰富的菜单图标,使画面整体更加和谐,效果如图10-39所示。

图 10-39 旅游小程序 UI 设计

素材文件	素材\第 10 章\状态栏 .jpg、下拉按钮 .psd、搜索图标 .psd、功能菜单 .jpg、风景照片 .jpg、底部导航 2.psd
效果文件	效果\第 10 章\旅游小程序 .psd、旅游小程序 .jpg
视频文件	视频\第 10 章\10.3 旅游小程序 .mp4

10.3.1 矩形搜索框效果设计

下面详细介绍设计制作矩形搜索框效果的方法。

步骤 01 选择"文件"|"新建"命令，弹出"新建文档"对话框，❶切换至"移动设备"选项卡；❷在"空白文档预设"选项区域选择 Android 1080P 选项，设置相应的文档名称，如图 10-40 所示。

步骤 02 单击"创建"按钮，新建一个空白文档，如图 10-41 所示。

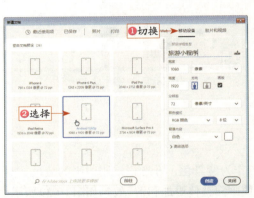

图 10-40 "新建文档"对话框

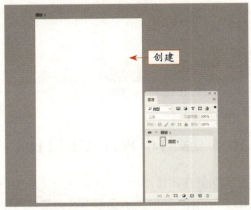

图 10-41 新建空白文档

步骤 03 打开"状态栏 .jpg"素材图像，运用"移动工具"将素材图像拖至背景图像编辑窗口中的适当位置，效果如图 10-42 所示。

步骤 04 ❶选取工具箱中的"横排文字工具"，输入小程序的标题文字；❷展开"字符"面板，设置"字体系列"为"方正细黑 - 简体"、"字体大小"为 60 点、颜色为白色，并激活仿粗体图标，效果如图 10-43 所示。

图 10-42 拖动图像

图 10-43 输入导航文字

步骤 05 ❶选取工具箱中的"矩形工具",在工具属性栏中选择"工具模式"为"形状"、"填充"为白色,绘制一个矩形形状;❷展开"属性"面板,设置矩形形状的 W 为 240 像素、H 为 100 像素,如图 10-44 所示。

步骤 06 ❶复制"矩形 1"图层,适当调整其位置;❷展开"属性"面板,设置矩形形状的 W 为 710 像素、H 为 100 像素,效果如图 10-45 所示。

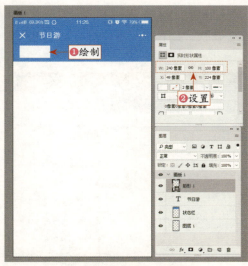

图 10-44 绘制并调整矩形形状

图 10-45 调整矩形形状的位置和大小

步骤 07 ❶选取工具箱中的"横排文字工具",输入相应的文字;❷展开"字符"面板,设置"字体系列"为"黑体"、"字体大小"为 52 点、"颜色"为蓝色(RGB 参数值分别为 0、159、240），效果如图 10-46 所示。

步骤 08 打开"下拉按钮 .psd"素材图像，运用"移动工具"将素材图像拖至背景图像编辑窗口中的适当位置，效果如图 10-47 所示。

图 10-46 输入文字　　　　　　　　　　图 10-47 添加按钮素材

步骤 09 打开"搜索图标 .psd"素材图像，运用"移动工具"将素材图像拖至背景图像编辑窗口中的适当位置，效果如图 10-48 所示。

步骤 10 ❶选取工具箱中的"横排文字工具"，输入相应的文字；❷展开"字符"面板，设置"字体系列"为"黑体"、"字体大小"为 42 点、颜色为灰色（RGB 参数值均为 202），效果如图 10-49 所示。

图 10-48 添加搜索图标素材　　　　　　图 10-49 输入并调整文字

10.3.2 功能菜单与首页广告效果设计

下面详细介绍设计制作功能菜单与首页广告画面效果的方法。

步骤 01 打开"功能菜单.jpg"素材图像，运用"移动工具"将素材图像拖至背景图像编辑窗口中的适当位置，效果如图 10-50 所示。

步骤 02 ❶新建图层，选取工具箱中的"矩形选框工具"，在图像编辑窗口中绘制一个矩形选区；❷设置"前景色"为浅灰色（RGB 参数值均为 240），按【Alt + Delete】组合键为选区填充前景色，效果如图 10-51 所示。

图 10-50 添加功能菜单素材

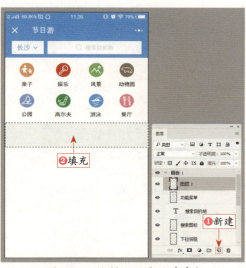

图 10-51 绘制矩形选区并填充

步骤 03 在选区内单击鼠标右键，在弹出的快捷菜单中选择"变换选区"命令，如图 10-52 所示。

步骤 04 适当调整选区大小，按【Enter】键确认变换，按【Delete】键，删除选区内的图像，并取消选区，效果如图 10-53 所示。

步骤 05 选取工具箱中的横排文字工具，在"字符"面板中，设置"字体系列"为"黑体"、"字体大小"为 42 点、"颜色"为深灰色（RGB 参数值均为 31），在图像编辑窗口中的适当位置输入文字，如图 10-54 所示。

步骤 06 打开"风景照片.jpg"素材图像，运用"移动工具"将素材图像拖至背景图像编辑窗口中的适当位置，效果如图 10-55 所示。

10 小程序 UI 设计

图 10-52 选择"变换选区"命令

图 10-53 删除选区内的图像

图 10-54 输入文字

图 10-55 拖入照片素材

步骤 07 ❶选取工具箱中的"矩形工具",在工具属性栏中选择"工具模式"为"形状"、"填充"为黑色,绘制一个矩形形状,设置其"不透明度"为 50%;❷选取工具箱中的"横排文字工具",在"字符"面板中,设置"字体系列"为"方正粗倩简体"、"字体大小"为 120 点、"设置所选字符的字距调整"为 200、"颜色"为白色,在图像编辑窗口中的适当位置输入文字,如图 10-56 所示。

步骤 08 选取工具箱中的"横排文字工具",在"字符"面板中,设置"字体系列"为"华文楷体"、"字体大小"为 42 点、"颜色"为白色,在图像编辑窗口中的适当位置输入文字，如图 10-57 所示。

图 10-56 绘制矩形并添加文字

图 10-57 输入文字

步骤 09 打开"底部导航 2.psd"素材图像，运用"移动工具"将素材图像拖至背景图像编辑窗口中的适当位置，效果如图 10-58 所示。

步骤 10 复制"风景照片"图层，运用"移动工具"将"风景照片拷贝图层"拖至画板下方的适当位置，效果如图 10-59 所示。

图 10-58 添加底部导航素材

图 10-59 画面调整

读书笔记

UI 美工篇

精美游戏 UI 设计

学习提示

在互联网和手机游戏行业飞速发展的环境下，用户体验成为了游戏开发企业的"决胜因素"，其中游戏 UI 设计是直接影响到用户体验的重要部分。游戏 UI 设计是手机游戏的重要卖点之一，优秀的游戏 UI 可以给玩家带来舒适的视觉感受，还可以将玩家与游戏的距离拉近。

本章重点导航

- 射击类游戏启动页设计
- 角色扮演类游戏启动页设计
- 休闲类游戏启动页设计

11.1 射击类游戏启动页设计

如今，对战类型的手游非常火爆，如《绝地求生》《荒野行动》《全民枪战》及《穿越火线》等，这些射击枪战类手游提供多人在线的竞技玩法和各种射击元素，并在此基础上优化用户体验，节奏超快，品质精良，深受玩家喜爱。本实例介绍的便是一个射击类游戏 APP 界面的设计，最终效果如图 11-1 所示。

图 11-1 射击类游戏 APP 界面

素材文件	光盘\素材\第 11 章\射击游戏背景.jpg、金色笔刷.jpg、游戏元素.psd
效果文件	光盘\效果\第 11 章\射击类游戏.psd、射击类游戏.jpg
视频文件	光盘\视频\第 11 章\11.1 射击类游戏.mp4

11.1.1 射击类游戏背景效果设计

下面主要运用调色命令、锐化工具和添加滤镜等操作，设计制作游戏的背景效果。

步骤 01 按【Ctrl + O】组合键打开"射击游戏背景.jpg"素材图像，如图 11-2 所示。

步骤 02 选择"图像"|"调整"|"亮度/对比度"命令，弹出"亮度/对比度"对话框，设置"亮度"为 20、"对比度"为 50，如图 11-3 所示。

图 11-2 打开素材图像

图 11-3 设置"亮度/对比度"参数

步骤 03 单击"确定"按钮，即可应用"亮度/对比度"命令调整图像影调，如图 11-4 所示。

步骤 04 选择"滤镜"|"杂色"|"减少杂色"命令，弹出"减少杂色"对话框，设置"强度"为 7、"保留细节"为 51%、"减少杂色"为 52%、"锐化细节"为 20%，如图 11-5 所示。

图 11-4 调整图像亮度

图 11-5 设置"减少杂色"参数

步骤 05 单击"确定"按钮，即可应用"减少杂色"滤镜减少图像中的杂色，如图 11-6 所示。

步骤 06 选择"图像"|"调整"|"自然饱和度"命令，弹出"自然饱和度"对话框，设置"自然饱和度"为 80、"饱和度"为 85，单击"确定"按钮，效果如图 11-7 所示。

图 11-6 应用"减少杂色"滤镜

图 11-7 调整图像的饱和度

步骤07 选择"滤镜"|"渲染"|"镜头光晕"命令,弹出"镜头光晕"对话框,设置"镜头类型"为"50-300毫米变焦"、"亮度"为100%,调整光晕位置,如图11-8所示。

步骤08 单击"确定"按钮,添加"镜头光晕"滤镜效果,如图11-9所示。

图11-8 设置"镜头光晕"参数

图11-9 添加滤镜后的效果

11.1.2 射击类游戏文字效果设计

下面主要运用"横排文字工具"、"描边"图层样式、"外发光"图层样式及笔刷素材等,设计制作射击类游戏 UI 的文字效果。

步骤01 选取工具箱中的"横排文字工具",在"字符"面板中设置"字体系列"为"文鼎霹雳体"、"字体大小"为30点、"设置行距"为36点、"设置所选字符的字距调整"为80、"颜色"为白色(RGB 参数值均为255),在图像编辑窗口中输入文字,如图11-10所示。

步骤02 双击文字图层,弹出"图层样式"对话框,❶选中"描边"复选框,❷设置"大小"为8像素、"颜色"为白色(RGB 参数值均为255),如图11-11所示。

图11-10 输入文字

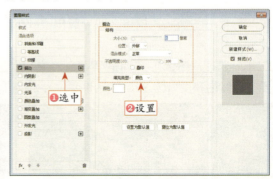
图11-11 设置"描边"参数

步骤03 选中"外发光"复选框,❶设置"不透明度"为50%、"扩展"为0%、"大小"为42像素,如图11-12所示,❷单击"确定"按钮,即可为文字添加相应的图层样式。

步骤 04 按【Ctrl + O】组合键，打开"金色笔刷.jpg"素材图像，如图 11-13 所示。

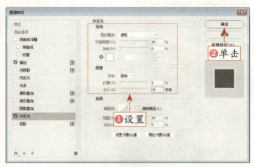

图 11-12 设置"外发光"参数　　　　　图 11-13 打开素材图像

步骤 05 运用"移动工具"将素材图像拖至背景图像编辑窗口中，适当调整图像的大小和位置，如图 11-14 所示。

步骤 06 选中"图层1"图层，单击鼠标右键，在弹出的快捷菜单中选择"创建剪贴蒙版"命令，即可创建剪贴蒙版，此时图像编辑窗口中的效果图随之改变，如图 11-15 所示。

图 11-14 拖入素材图像　　　　　图 11-15 图像效果

11.1.3 射击类游戏按钮效果设计

下面主要运用"矩形工具"和"样式"面板来设计制作射击类游戏 UI 中的按钮元素效果，并添加相应的游戏交互控件素材，完成整体界面的设计工作。

步骤 01 ❶选取工具箱中的"矩形工具"，❷在工具属性栏中设置"填充"为渐变、"描边"为"无"，❸在图像编辑窗口中的适当位置绘制一个矩形形状，如图 11-16 所示。

11 精美游戏 UI 设计　　173

图 11-16 绘制矩形形状

步骤 02 选择"窗口"|"样式"命令,打开"样式"面板,在其中选择"雕刻天空(文字)"样式,即可为"矩形 1"图层添加立体效果,如图 11-17 所示。

图 11-17 添加立体效果

步骤 03 双击"矩形 1"图层,弹出"图层样式"对话框,选中"渐变叠加"复选框,单击"点按可编辑渐变"按钮,❶设置渐变色为"紫,橙渐变";❷选中"斜面和浮雕"复选框,❸设置"大小"为 5 像素,效果如图 11-18 所示。

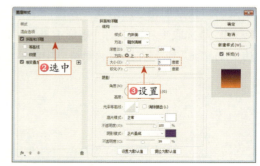

图 11-18 设置图层样式参数

步骤 04 选中"描边"复选框,设置"大小"为 1 像素、"颜色"为黑色(RGB 参数值均为 0),单击"确定"按钮,即可改变图层样式,效果如图 11-19 所示。

步骤 05 按【Ctrl + O】组合键,打开"游戏元素 .psd"素材图像,运用"移动工具"将素材图像拖至背景图像编辑窗口中,如图 11-20 所示。

图 11-19 改变图层样式的效果

图 11-20 添加游戏元素素材

11.2 角色扮演类游戏启动页设计

如今,手机游戏呈现全面繁荣的发展趋势,而且玩家对于游戏画面的审美和交互形式等要求也越来越高,界面是否美观、操作是否顺手,这些都是决定玩家对游戏产生兴趣的决定因素。对于游戏 UI 来说,界面画风、操作流程及交互体验等设计要素,都是设计者需要重点考虑的范畴。

本实例介绍的是一个游戏 APP 的启动界面微网页,通过微网页进行宣传,可以将其很好地与微信等社交媒体结合,扩大游戏 APP 的宣传面,让更多玩家了解和试玩。

本实例最终效果如图 11-21 所示。

图 11-21 实例效果

11 精美游戏 UI 设计   175

素材文件	素材\第 11 章\游戏画面 .jpg、文字 .psd、按钮 .psd
效果文件	效果\第 11 章\角色扮演类游戏 .psd、角色扮演类游戏 .jpg
视频文件	视频\第 11 章\11.2 角色扮演类游戏 .mp4

11.2.1 制作游戏背景效果

下面介绍设计制作游戏 APP 启动宣传界面微网页背景效果的方法。

步骤 01 选择"文件"|"新建"命令，弹出"新建文档"对话框，新建一个 RGB 模式的文档，各选项设置如图 11-22 所示。

步骤 02 按【Ctrl + O】组合键，打开"游戏画面 .jpg"素材图像，效果如图 11-23 所示。

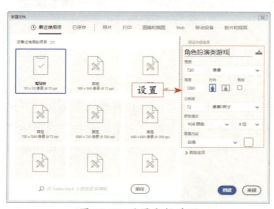

图 11-22 设置文档选项

图 11-23 打开游戏画面素材

步骤 03 选择"图像"|"调整"|"亮度/对比度"命令，弹出"亮度/对比度"对话框，设置"亮度"为 10、"对比度"为 22，如图 11-24 所示。

步骤 04 单击"确定"按钮，调整图像的亮度和对比度，效果如图 11-25 所示。

图 11-24 设置"亮度/对比度"参数

图 11-25 调整图像亮度和对比度后的效果

▶ 专家指点

使用"亮度/对比度"命令可以对图像的色彩进行简单的调整,它对图像的每个像素都进行同样的调整。"亮度/对比度"命令对单个通道不起作用,所以该调整方法不适用于高精度输出。

步骤 05 选择"图像"|"调整"|"自然饱和度"命令,弹出"自然饱和度"对话框,设置"自然饱和度"为 50、"饱和度"为 8,如图 11-26 所示。

步骤 06 单击"确定"按钮,调整画面的色彩饱和度,效果如图 11-27 所示。

图 11-26 设置"自然饱和度"参数　　　　图 11-27 调整图像色彩饱和度后的效果

步骤 07 运用"移动工具"将游戏画面拖至背景图像编辑窗口中的合适位置,效果如图 11-28 所示。

步骤 08 按【Ctrl + T】组合键,调出变换控制框,适当调整游戏画面的大小和位置,效果如图 11-29 所示。

图 11-28 拖动图像　　　　　　　　　　　图 11-29 调整图像

步骤09 选取工具箱中的"渐变工具",弹出"渐变编辑器"对话框,设置渐变色为深灰色(RGB参数值分别为99、96、93)到透明色,如图11-30所示。

步骤10 新建"图层2"图层,运用"渐变工具"从下至上填充线性渐变,效果如图11-31所示。

图11-30 设置渐变色

图11-31 填充线性渐变

11.2.2 制作游戏主体效果

下面介绍设计制作游戏APP启动宣传界面微网页主体效果的方法。

步骤01 选取工具箱中的"横排文字工具",在"字符"面板中设置"字体系列"为"华文行楷"、"字体大小"为150点、"设置所选字符的字距调整"为-100、"颜色"为黄灰色(RGB参数值分别为209、146、106),并激活仿粗体图标,如图11-32所示。

步骤02 输入相应的文字,适当调整文字的位置,效果如图11-33所示。

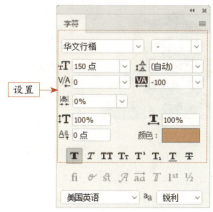

图11-32 设置"字符"属性

图11-33 输入文字

> ▶ 专家指点
>
> 　　在Photoshop中，在英文输入法状态下，按【T】键，也可以快速切换至横排文字工具，然后在图像编辑窗口中输入相应的文本内容即可，如果输入文字的位置不能满足用户的需求，此时用户可以通过"移动工具"，将文字移动到相应位置。

步骤 03 在"图层"面板中双击文字图层，弹出"图层样式"对话框，选中"渐变叠加"复选框，单击"点按可编辑渐变"按钮，弹出"渐变编辑器"对话框，设置渐变色为黄色（RGB 参数值分别为 172、93、42）到白色的渐变，并将白色色标调整至 100% 的位置，效果如图 11-34 所示。

步骤 04 单击"确定"按钮，返回"图层样式"对话框，相关参数设置如图 11-35 所示。

图 11-34 设置渐变色

图 11-35 设置"渐变叠加"参数

步骤 05 选中"投影"复选框，相关参数设置如图 11-36 所示。

步骤 06 单击"确定"按钮，添加相应的图层样式效果，如图 11-37 所示。

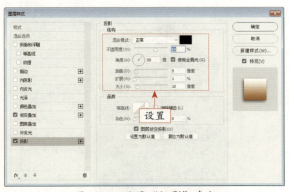

图 11-36 设置"投影"参数

图 11-37 添加图层样式后的效果

11 精美游戏 UI 设计　179

步骤 07 复制文字图层,适当调整其位置,制作立体文字效果,如图 11-38 所示。

步骤 08 新建"图层 3"图层,运用"矩形选框工具"创建一个矩形选区,如图 11-39 所示。

图 11-38 制作立体文字效果

图 11-39 创建矩形选区

▶ 专家指点

在创建选区后,为了防止错误操作而造成选区丢失,或者后面制作其他效果时还需要更改该选区,用户可以先将该选区保存。在菜单栏中选择"选择"|"存储选区"命令,弹出"存储选区"对话框,在弹出的对话框中设置存储选区的各个选项,单击"确定"按钮后即可存储选区。

步骤 09 选取工具箱中的"渐变工具",从选区中间至四周填充褐色(RGB 参数值分别为 55、43、39)到透明色的径向渐变,并取消选区,效果如图 11-40 所示。

步骤 10 选取工具箱中的"横排文字工具",在"字符"面板中设置"字体系列"为"微软雅黑"、"字体大小"为 30 点、"颜色"为白色,激活仿粗体图标,输入文字,效果如图 11-41 所示。

图 11-40 填充径向渐变

图 11-41 输入相应的文字

步骤 11 打开"文字 .psd"素材图像,运用"移动工具"将其拖至当前图像编辑窗口中的合适位置,效果如图 11-42 所示。

步骤 12 打开"按钮 .psd"素材图像,运用"移动工具"将其拖至当前图像编辑窗口中的合适位置,效果如图 11-43 所示。

图 11-42 添加文字素材

图 11-43 添加按钮素材

11.3 休闲类游戏启动页设计

随着科技的发展,现在手机的功能也越来越多,越来越强大。如今,手机游戏已发展到了可以和掌上游戏机媲美,具有很强的娱乐性和交互性的复杂形态。本节以一款热门的简单休闲益智类游戏《小猫旅行》为例,介绍休闲类游戏 APP 界面的设计方法。本实例最终效果如图 11-44 所示。

图 11-44 休闲类游戏 UI 界面

素材文件	光盘\素材\第 11 章\休闲类游戏背景 .jpg、小猫 .jpg、小鸡 .psd
效果文件	光盘\素材\第 11 章\休闲类游戏 .psd、休闲类游戏 .jpg
视频文件	光盘\视频\第 11 章\11.3 休闲类游戏 .mp4

11.3.1 设计休闲类游戏背景效果

下面主要运用"裁剪工具"和调色工具，制作休闲类游戏 APP 界面的背景效果。

步骤 01 按【Ctrl + O】组合键，打开"休闲类游戏背景 .jpg"素材图像，如图 11-45 所示。

步骤 02 ❶选取"裁剪工具"，❷设置裁剪框的长宽比为 1024∶1820，如图 11-46 所示。

图 11-45 打开素材图像

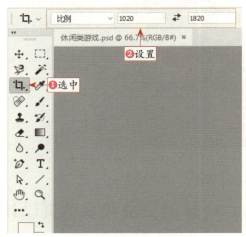

图 11-46 设置裁剪框的长宽比

步骤 03 适当调整裁剪区域，按【Enter】键，即可裁剪背景图像，如图 11-47 所示。

步骤 04 按【Ctrl + O】组合键，打开"小猫 .jpg"素材图像，如图 11-48 所示。

图 11-47 裁剪背景图像

图 11-48 打开素材图像

步骤 05 选取工具箱中的"魔棒工具",在工具属性栏中设置"容差"为 50,在图像中的背景上单击,创建选区,如图 11-49 所示。

步骤 06 选择"选择"|"反选"命令,反选选区,如图 11-50 所示。

图 11-49 创建选区

图 11-50 反选选区

步骤 07 按【Ctrl + J】组合键复制选区内的图像,在"图层"面板中,隐藏"背景"图层,如图 11-51 所示。

步骤 08 执行操作后,即可抠取小猫素材图像,如图 11-52 所示。

图 11-51 隐藏"背景"图层

图 11-52 抠取素材图像

步骤 09 运用"移动工具"将小猫素材拖至背景图像的编辑窗口中,如图 11-53 所示。

步骤 10 按【Ctrl + T】组合键,调出变换控制框,适当调整图像的大小,如图 11-54 所示。

图 11-53 拖动素材图像　　　　　图 11-54 调整图像

11.3.2 设计休闲类游戏按钮效果

下面主要运用"圆角矩形工具""套索工具",以及"描边"图层样式、"投影"图层样式、图层样式、"颜色叠加"图层样式和"内阴影"图层样式等操作,制作休闲类游戏 APP 界面的按钮效果。

步骤 01 打开"卡通装饰 .psd"素材图像,将其拖至背景图像编辑窗口中的合适位置,如图 11-55 所示。

步骤 02 按【Ctrl + T】组合键,调出变换控制框,适当调整卡通图像的大小和位置,效果如图 11-56 所示。

图 11-55 添加卡通装饰素材　　　　图 11-56 调整卡通图像的大小和位置

步骤 03 在"图层"面板中,新建"图层 2"图层,如图 11-57 所示。

步骤 04 选取工具箱中的"圆角矩形工具",在工具属性栏中选择"工具模式"为"像素",设置"半径"为"50 像素",绘制一个白色的圆角矩形,效果如图 11-58 所示。

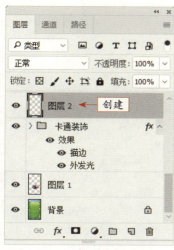

图 11-57 新建"图层 2"图层

图 11-58 绘制圆角矩形

步骤 05 双击"图层 2"图层,弹出"图层样式"对话框,选中"描边"复选框,在其中设置"大小"为 3 像素、"颜色"为深红色(RGB 参数值分别为 197、51、75),如图 11-59 所示。

步骤 06 单击"确定"按钮,设置"描边"图层样式,效果如图 11-60 所示。

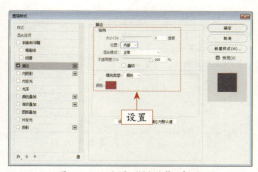

图 11-59 设置"描边"选项

图 11-60 添加"描边"图层样式

步骤 07 ❶复制"图层 2"图层,得到"图层 2 拷贝"图层,❷适当调整"图层 2 拷贝"

11 精美游戏 UI 设计　　185

图层中图像的大小和位置，如图 11-61 所示。

步骤08 双击"图层 2 拷贝"图层，弹出"图层样式"对话框，取消选中"描边"复选框，如图 11-62 所示。

图 11-61 复制并调整图像

图 11-62 取消选中"描边"复选框

步骤09 在"图层样式"对话框中，选中"投影"复选框，取消选中"使用全局光"复选框，设置颜色为深红色（RGB 参数值分别为 197、51、75）、"混合模式"为"正常"、"不透明度"为 100%、"角度"为 90 度、"距离"为 10 像素、"扩展"为 0%、"大小"为 5 像素，如图 11-63 所示。

步骤10 选中"颜色叠加"复选框，设置颜色为红色（RGB 参数值分别为 241、81、107），如图 11-64 所示。

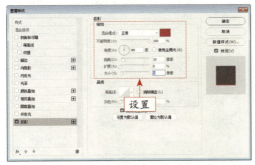

图 11-63 设置"投影"参数

图 11-64 设置"颜色叠加"参数

▶ 专家指点

在 Photoshop 中，"颜色叠加"可以在选中的原图层上直接填充选取的颜色，不需要再添加选区。

步骤 11 选中"内阴影"复选框,选中"使用全局光"复选框,设置"角度"为90度、"距离"为2像素、"大小"为10像素,如图11-65所示。

步骤 12 单击"确定"按钮,即可添加图层样式,效果如图11-66所示。

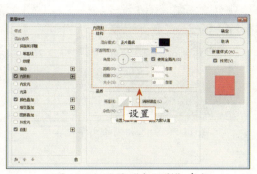

图11-65 设置"内阴影"参数

图11-66 添加图层样式后的效果

步骤 13 选取工具箱中的"套索工具",在工具属性栏中单击"添加到选区"按钮,在按钮上创建两个选区,如图11-67所示。

步骤 14 ❶创建"图层3"图层,❷为选区填充白色,并取消选区,为按钮元素添加一些高光效果,如图11-68所示。

图11-67 创建选区

图11-68 制作高光效果

步骤 15 展开"字符"面板,设置"字体系列"为"华康娃娃体"、"字体大小"为12点、"颜色"为白色,并激活仿粗体图标,如图11-69所示。

步骤 16 选取工具箱中的"横排文字工具",在图像中的合适位置输入相应的文字内容,完成按钮元素的制作,效果如图 11-70 所示。

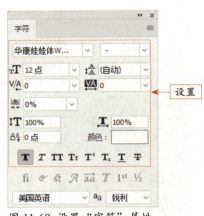

图 11-69 设置"字符"属性

图 11-70 输入相应的文字内容

11.3.3 设计休闲类游戏标题效果

下面主要运用"横排文字工具"、"字符"面板、"投影"图层样式和"描边"图层样式等操作,制作休闲类游戏 APP 界面的标题效果。

步骤 01 打开"小鸡.psd"素材,将其拖至背景图像编辑窗口中,并适当调整其大小和位置,效果如图 11-71 所示。

步骤 02 选取工具箱中的"横排文字工具",在图像编辑窗口中确认文字插入点,展开"字符"面板,设置"字体系列"为"华文琥珀"、"字体大小"为 36 点、"颜色"为红色(RGB 参数值分别为 242、89、114),如图 11-72 所示。

图 11-71 添加素材

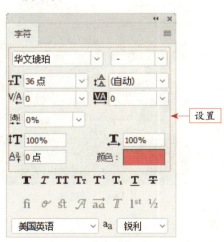

图 11-72 设置"字符"属性

步骤 03 在图像中输入相应的文字内容,效果如图 11-73 所示。

步骤 04 在文字图层上单击鼠标右键,在弹出的快捷菜单中选择"栅格化文字"命令,如图 11-74 所示。

图 11-73 输入文字

图 11-74 选择"栅格化文字"命令

步骤 05 执行操作后,即可栅格化文字图层,双击文字图层,弹出"图层样式"对话框,选中"描边"复选框,设置"大小"为 15 像素、"颜色"为白色,如图 11-75 所示。

步骤 06 选中"投影"复选框,在右侧选中"使用全局光"复选框,设置"角度"为 90 度、"距离"为 30 像素、"大小"为 10 像素,如图 11-76 所示。

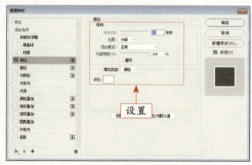

图 11-75 设置"描边"参数

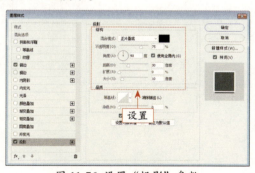

图 11-76 设置"投影"参数

步骤 07 单击"确定"按钮,即可添加相应的图层样式,效果如图 11-77 所示。

步骤 08 按【Ctrl + T】组合键,调出变换控制框,适当调整文字图像的大小和位置,效果如图 11-78 所示,按【Enter】键确认变换即可。

图 11-77 添加相应的图层样式　　　　图 11-78 调整文字图像

运营美工篇

12 社交应用平台设计

学习提示

在移动互联网时代,社交应用已成为一种新型的营销模式,用户可以通过对微信公众号、微信朋友圈及微博等新媒体来进行相关的界面设计,从而达到推广自己产品的目的。本章主要向读者介绍微信平台的新媒体设计实例。

本章重点导航

- 朋友圈名人版背景封面设计
- 自媒体名人求关注设计
- 微博主图设计

12.1 朋友圈名人版背景封面设计

在制作招代理朋友圈界面时，运用深蓝色背景加金黄色的光斑点缀作为背景图像，并且主体文字采用金色渐变，可以使整体更显贵气。

本实例最终效果如图 12-1 所示。

图 12-1 朋友圈名人版背景封面设计

素材文件	素材\第 12 章\朋友圈背景.jpg、朋友圈文字.psd、朋友圈头像.psd
效果文件	效果\第 12 章\名人版背景封面设计.psd、名人版背景封面设计.jpg
视频文件	视频\第 12 章\12.1 名人版背景封面设计.mp4

12.1.1 制作朋友圈相册封面背景

下面详细介绍制作朋友圈相册封面背景效果的方法。

步骤 01 按【Ctrl + O】组合键，打开"朋友圈背景.jpg"素材图像，如图 12-2 所示。

步骤 02 选取工具箱中的"矩形选框工具"，在图像编辑窗口中绘制矩形选框，如图 12-3 所示。

图 12-2 打开素材图像

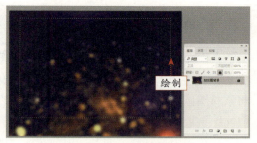
图 12-3 绘制矩形选框

步骤 03 选择"选择"|"修改"|"羽化"命令,弹出"羽化选区"对话框,设置"羽化半径"为 100 像素,单击"确定"按钮,即可羽化选区,效果如图 12-4 所示。

步骤 04 选择"窗口"|"调整"命令,展开"调整"面板,单击"曲线"按钮,新建"曲线 1"调整图层,如图 12-5 所示。

图 12-4 羽化选区

图 12-5 新建"曲线 1"调整图层

步骤 05 ❶展开"属性"面板,在曲线上单击新建一个控制点,❷在下方设置"输入"为 70、"输出"为 134,如图 12-6 所示。

步骤 06 适当提高选区内图像的亮度,效果如图 12-7 所示。

图 12-6 设置"曲线"参数

图 12-7 图像效果

▶ 专家指点

按【Ctrl+M】组合键,也可以快速打开"曲线"对话框。另外,若按住【Alt】键的同时,在对话框的网格中单击,网格将 10×10 的比例显示,再次按住【Alt】键的同时单击,即可恢复至默认的 4×4 的网格显示状态。

12.1.2 制作朋友圈相册封面头像

下面详细介绍制作朋友圈相册封面头像效果的方法。

步骤01 按【Ctrl + O】组合键,打开"朋友圈头像.jpg"素材图像,运用"移动工具"将素材图像拖至背景图像编辑窗口中,适当调整图像的位置,如图 12-8 所示。

步骤02 选取工具箱中的"自定形状工具",在工具属性栏中单击"填充"右侧的色块,在下拉列表中选择"渐变"选项,选择"橙—黄—橙渐变"渐变色,如图 12-9 所示。

图 12-8 添加"头像"素材

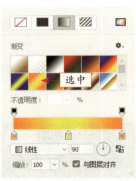

图 12-9 选择图形渐变色

步骤03 选择渐变条下的第三个色标,将其删除,如图 12-10 所示。

步骤04 继续在工具属性栏中设置"描边"为"无"、"形状"为"皇冠1",在图像编辑窗口中的适当位置绘制一个形状,如图 12-11 所示。

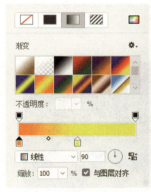

图 12-10 删除色标

图 12-11 绘制形状

步骤05 在"图层"面板中,选择"形状1"图层,单击鼠标右键,在弹出的快捷菜单中选择"栅格化图层"命令,如图 12-12 所示,将形状栅格化。

步骤06 按【Ctrl + T】组合键,调出变换控制框,适当旋转图像,并按【Enter】键确认变换,如图 12-13 所示。

图 12-12 栅格化形状　　　　　　图 12-13 旋转图像

12.1.3 制作朋友圈相册封面文案

下面详细介绍制作朋友圈相册封面文案效果的方法。

步骤 01 选取工具箱中"横排文字工具"，❶在"字符"面板中设置"字体系列"为"文鼎霹雳体"、"字体大小"为 20 点、"颜色"为白色（RGB 参数值均为 255），❷在图像编辑窗口中输入文字，运用"移动工具"调整文字位置，如图 12-14 所示。

步骤 02 在"图层"面板中，选择文字图层，单击鼠标右键，在弹出的快捷菜单中选择"混合选项"命令，弹出"图层样式"对话框，❶选中"渐变叠加"复选框，❷设置渐变颜色为"橙—黄—橙渐变"，如图 12-15 所示。

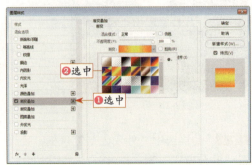

图 12-14 输入并调整文字　　　　　　图 12-15 选择渐变样式

步骤 03 设置"混合模式"为"正常"、"不透明度"为 100%、"样式"为"线性"、"角度"为 90 度、"缩放"为 100%，如图 12-16 所示。

步骤 04 单击"确定"按钮，即可添加图层样式效果，效果如图 12-17 所示。

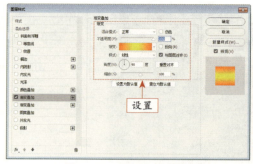

图 12-16 设置图层样式

图 12-17 确认效果

步骤 05 选取工具箱中的"横排文字工具",❶在"字符"面板中设置"字体系列"为"方正粗倩简体"、"字体大小"为 12 点、"颜色"为白色(RGB 参数值均为 255),❷在图像编辑窗口中输入文字,运用"移动工具"调整文字位置,如图 12-18 所示。

步骤 06 在"图层"面板中,选择文字图层,❶单击鼠标右键,在弹出的快捷菜单中选择"混合选项"命令,弹出"图层样式"对话框,选中"描边"复选框,❷设置描边"大小"为 2 像素、"位置"为"外部"、"不透明度"为 100%、"颜色"为黄褐色(RGB 参数值均为 184、93、0),如图 12-19 所示。

图 12-18 输入并调整文字

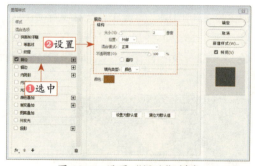

图 12-19 设置"描边"样式

步骤 07 ❶再选中"外发光"复选框,❷设置"混合模式"为"正常"、"不透明度"为 35%、"颜色"为白色(RGB 参数值均为 255)、"方法"为"柔和"、"扩展"为 2%、"大小"为 50 像素、"范围"为 50%,12-20 所示。

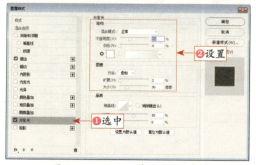

图 12-20 设置"外发光"样式

步骤 08 单击"确认"按钮,应用"描边"和"外发光"图层样式,效果如图 12-21 所示。

步骤 09 按【Ctrl + O】组合键,打开"朋友圈文字.psd"素材图像,运用"移动工具"将素材图像拖至背景图像编辑窗口中,适当调整图像的位置,如图 12-22 所示。

图 12-21 确认效果

图 12-22 添加素材文字

步骤 10 至此,完成"朋友圈名人版背景封面设计",效果如图 12-23 所示。

图 12-23 最终效果

12.2 公众号自媒体名人求关注设计

在制作公众号求关注设计时,运用"矩形工具"绘制出线框效果,加上适当的装饰性图形,再放入二维码,配上一些说明性的文字,可以准确地将信息传达给读者,帮助自媒体名人和微信公众号获得更好的引流效果。

本实例最终效果如图 12-24 所示。

图 12-24 自媒体名人求关注设计

	素材文件	素材\第 12 章\公众号二维码.psd、自媒体名人照片.jpg、名人二维码.psd、求关注按钮.psd
	效果文件	效果\第 12 章\公众号求关注设计.psd、公众号求关注设计.jpg
	视频文件	视频\第 12 章\12.2 自媒体名人求关注设计.mp4

12.2.1 制作矩形框背景效果

下面详细介绍制作公众号求关注界面中矩形框背景效果的方法。

 选择"文件"|"新建"命令，弹出"新建文档"对话框，设置"名称"为"公众号求关注设计"、"宽度"为 926 像素、"高度"为 976 像素、"分辨率"为 300 像素/英寸、"颜色模式"为"RGB 颜色"、"背景内容"为"白色"，如图 12-25 所示，单击"创建"按钮，新建一个空白文档。

 选取工具箱中的"矩形工具"，在图像编辑窗口中绘制一个矩形，设置"填充"为白色（RGB 参数值均为 255）、"描边"为"无"，创建"矩形 1"，❶双击"矩形 1"图层，弹出"图层样式"对话框，选中"外发光"复选框，❷设置"混合模式"为"正常"、"不透明度"为 15%、"颜色"为黑色（RGB 参数值均为 0）、"大小"为 15 像素，如图 12-26 所示。

图 12-25 设置各选项　　　　　　　　　图 12-26 设置"图层样式"

步骤 03 单击"确定"按钮,即可完成对矩形投影的设置,如图 12-27 所示。

步骤 04 选取工具箱中的"矩形工具",在图像编辑窗口中绘制一个矩形,设置"填充"为灰色(RGB 参数值均为 238)、"描边"为"无",绘制"矩形 2",运用"移动工具"将"矩形 2"移动到适当的位置,如图 12-28 所示。

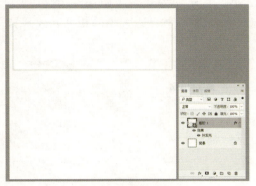

图 12-27 确认效果　　　　　　　　　图 12-28 绘制矩形

12.2.2 制作公众号求关注主体效果

下面详细介绍制作公众号求关注主体效果的方法。

步骤 01 选择"文件"|"打开"命令,打开"公众号二维码 .psd"素材图像,运用"移动工具"将素材图像拖至背景图像编辑窗口中的适当位置,如图 12-29 所示。

步骤 02 ❶选取工具箱中的"横排文字工具",在适当的位置输入相应的文字,打开"字符"面板,❷设置"字体系列"为"方正综艺简体"、"字体大小"为 12 点、"颜色"为黑色(RGB 参数值均为 0)、"设置所选字符的字距调整"为 50,效果如图 12-30 所示。

12 社交应用平台设计　199

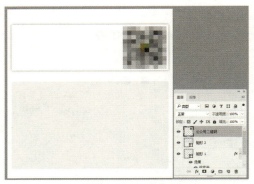
图12-29 添加素材

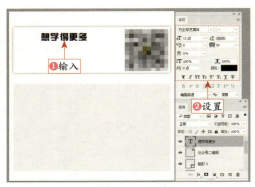
图12-30 输入文字

步骤 03 ❶选取工具箱中的"横排文字工具",在适当的位置输入相应的文字,打开"字符"面板,❷设置"字体系列"为"方正细黑-简体"、"字体大小"为10点、"设置所选字符的字距调整"为50、"颜色"为黑色(RGB参数值均为0),效果如图12-31所示。

步骤 04 选取工具箱中的"矩形工具",设置"填充"为灰色(RGB参数值均为191)、"描边"为"无",在图像编辑窗口中绘制一个合适大小的矩形,效果如图12-32所示。

图12-31 输入文字

图12-32 绘制矩形

步骤 05 ❶选取工具箱中的"横排文字工具",输入相应的文字;打开"字符"面板,❷设置"字体系列"为"方正细黑-简体"、"字体大小"为10点、"设置所选字符的字距调整"为50、"颜色"为黑色(RGB参数值均为0),效果如图12-33所示。

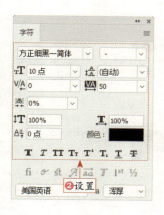
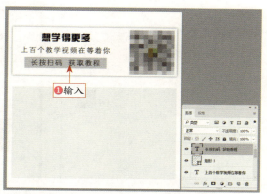

图 12-33 输入文字

12.2.3 制作自媒体求关注主体效果

下面详细介绍制作自媒体名人求关注界面主体效果的方法。

步骤 01 按【Ctrl + O】组合键,打开"自媒体名人照片.jpg"素材图像,运用"移动工具"将素材图像拖至背景图像编辑窗口中,适当地调整图像的位置和大小,效果如图 12-34 所示。

步骤 02 按【Ctrl + O】组合键,打开"名人二维码.psd"素材图像,运用"移动工具"将素材图像拖至背景图像编辑窗口中,适当调整图像的位置,效果如图 12-35 所示。

图 12-34 添加照片素材　　　　　　图 12-35 添加二维码素材

步骤 03 选取工具箱中的矩形工具,设置"填充"为白色(RGB 参数值均为 0)、"描边"为"无",在图像编辑窗口中绘制一个矩形,❶双击"矩形"图层,弹出"图层样式"对话框,选中"投影"复选框,❷设置"混合模式"为"正常"、"不透明度"为 25%、"颜色"为黑色(RGB 参数值均为 0)、"角度"为 90 度、"距离"为 2 像素、"扩展"为 17%、"大小"为 5 像素,如图 12-36 所示。

步骤 04 单击"确定"按钮,即可完成对矩形投影的设置,如图 12-37 所示。

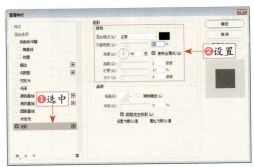

图 12-36 设置矩形图层样式

图 12-37 确认效果

步骤 05 复制多个矩形，并适当调整其位置，效果如图 12-38 所示。

步骤 06 ❶选取工具箱中的"横排文字工具"，在适当的位置输入相应的文字，打开"字符"面板，❷设置"字体系列"为"方正细黑-简体"、"字体大小"为 7 点、"颜色"为黑色（RGB 参数值均为 0），激活仿粗体图标，效果如图 12-39 所示。

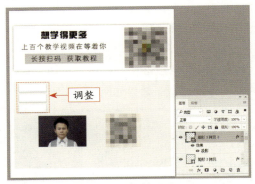

图 12-38 复制矩形

图 12-39 输入文字

步骤 07 选取工具箱中的"矩形工具"，设置"填充"为白色（RGB 参数值均为 0）、"描边"为"无"，在图像编辑窗口中绘制一个矩形，❶双击"矩形"图层，弹出"图层样式"对话框，选中"投影"复选框，❷设置"混合模式"为"正常"、"不透明度"为 25%、"颜色"为黑色（RGB 参数值均为 0）、"角度"为 90 度、"距离"为 2 像素、"扩展"为 17%、"大小"为 5 像素，如图 12-40 所示。

步骤 08 单击"确定"按钮，即可完成对矩形投影的设置，如图 12-41 所示。

步骤 09 打开"字符"面板，设置"字体系列"为"方正细黑-简体"、"字体大小"为 10 点、"颜色"为黑色（RGB 参数值均为 0），效果如图 12-42 所示。

步骤 10 选取工具箱中的"横排文字工具"，在适当的位置输入相应的文字，如图 12-43 所示。

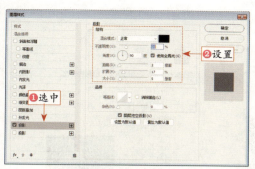
图 12-40 设置矩形图层样式

图 12-41 确认效果

▶ 专家指点

在 Photoshop 中，提供了 4 种文字输入工具，分别为横排文字工具、直排文字工具、横排文字蒙版工具和直排文字蒙版工具，选择不同的文字工具可以创建出不同类型的文字效果，用户也可以在工具属性栏中设置文字的各种属性。

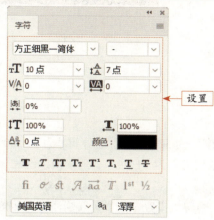
图 12-42 设置字符

图 12-43 输入文字

12.3 微博主图设计

在制作微博主图时，先为背景填充纯色，再单独设计产品，加强产品图片的吸引力，最后设计文案效果，通过层次分明的文字突出产品的价格和特色。

本实例最终效果如图 12-44 所示。

素材文件	素材\第 12 章\相机 .psd
效果文件	效果\第 12 章\微博主图设计 .psd、微博主图设计 .jpg
视频文件	视频\第 12 章\12.3 微博设计：微博主图设计 .mp4

图 12-44 微博主图设计

12.3.1 制作微博主图主体效果

下面介绍制作微博主图主体效果的方法。

步骤 01 选择"文件"|"新建"命令,弹出"新建文档"对话框,❶设置"名称"为"微博主图设计"、"宽度"为 500 像素、"高度"为 500 像素、"分辨率"为 300 像素/英寸、"颜色模式"为"RGB 颜色"、"背景内容"为"白色";❷单击"创建"按钮,新建一个空白文档,如图 12-45 所示。

步骤 02 展开"图层"面板,❶新建"图层 1"图层,设置"前景色"为浅灰色(RGB 参数值均为 238),❷为"图层 1"图层填充前景色,如图 12-46 所示。

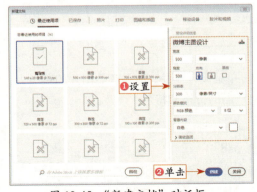

图 12-45 "新建文档"对话框

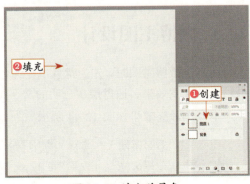

图 12-46 填充前景色

步骤 03 按【Ctrl + O】组合键，打开"相机.psd"素材图像，如图12-47所示。

步骤 04 选择"图像"|"调整"|"亮度/对比度"命令，弹出"亮度/对比度"对话框，设置"亮度"为79、"对比度"为50，如图12-48所示。

图 12-47 打开素材图像　　　　　　　　图 12-48 设置"亮度/对比度"参数

步骤 05 选择"滤镜"|"渲染"|"镜头光晕"命令，弹出"镜头光晕"对话框，设置"亮度"为50%、"镜头类型"为"50-300毫米变焦"，如图12-49所示。

步骤 06 适当调整光晕位置，单击"确定"按钮，即可为图像添加"镜头光晕"滤镜效果，如图12-50所示。

图 12-49 设置"镜头光晕"参数　　　　图 12-50 添加滤镜效果

步骤 07 运用"移动工具"将其拖至背景图像编辑窗口中，适当调整图像的大小和位置，效果如图12-51所示。

步骤 08 选中"相机"图层，按【Ctrl + T】组合键，调出自由变换控制框，缩放"相机"素材，并运用"移动工具"将"相机"素材移动到适当的位置，如图12-52所示。

▶ 专家指点

　　微博平台相对于其他新媒体平台来说，可设计的空间较少，所以更应该好好利用仅有的几个小空间，最大程度地展示产品的优势与特点，让用户可以更快、更好地了解微博账号的主要内容和主营业务。

图 12-51 移动素材　　　　　　　图 12-52 调整大小及位置

12.3.2 制作微博主图文字效果

下面介绍制作微博主图文字效果的方法。

步骤 01 选取工具箱中的"矩形工具",设置"填充"为白色(RGB 参数值均为 0)、"描边"为"无",在图像编辑窗口中绘制一个矩形,❶双击"矩形"图层,弹出"图层样式"对话框,选中"投影"复选框,❷设置"混合模式"为"正常"、"不透明度"为 25%、"颜色"为黑色(RGB 参数值均为 0)、"角度"为 90 度、"距离"为 3 像素、"扩展"为 17%、"大小"为 8 像素,如图 12-53 所示。

步骤 02 单击"确定"按钮,即可完成对矩形投影的设置,如图 12-54 所示。

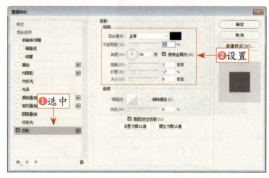

图 12-53 设置矩形图层样式　　　　　图 12-54 确认效果

步骤 03 选取工具箱中的"横排文字工具",❶在"字符"面板中设置"字体系列"为"方正兰亭超细黑简体"、"字体大小"为 10 点、"设置所选字符的字距调整"为 150、"颜色"为深灰色(RGB 参数值均为 65、63、60),并激活仿粗体图标;❷在图像编辑窗口中输入文字,运用"移动工具"调整文字位置,如图 12-55 所示。

步骤 04 选取工具箱中的"横排文字工具",❶在"字符"面板中设置"字体系列"为"微软雅黑"、"字体大小"为 9 点、"颜色"为橙红色(RGB 参数值均为

249、55、0），❷在图像编辑窗口中输入"￥"符号，运用"移动工具"调整文字位置，如图12-56所示。

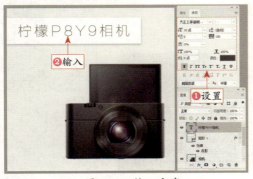

图12-55 输入文字

图12-56 输入符号

步骤 05 选取工具箱中的"横排文字工具"，❶在"字符"面板中设置"字体系列"为"方正兰亭超细黑简体"、"字体大小"为14点、"颜色"为橙红色（RGB参数值均为249、55、0），并激活仿粗体图标，❷在图像编辑窗口中输入文字，运用"移动工具"调整文字位置，如图12-57所示。

步骤 06 选取工具箱中的"横排文字工具"，❶在"字符"面板中设置"字体系列"为"方正细黑-简体"、"字体大小"为6点、"设置所选字符的字距调整"为100、"颜色"为深灰色（RGB参数值均为65、63、60），❷在图像编辑窗口中输入文字，运用"移动工具"调整文字位置，如图12-58所示。

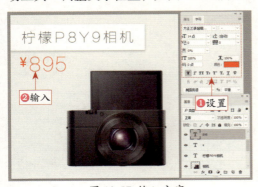

图12-57 输入文字

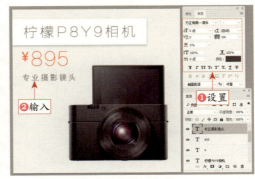

图12-58 输入文字

步骤 07 选取工具箱中的"横排文字工具"，在"字符"面板中设置"字体系列"为"方正细黑-简体"、"字体大小"为6点、"设置所选字符的字距调整"为100、"颜色"为深灰色（RGB参数值均为65、63、60），如图12-59所示。

步骤 08 在图像编辑窗口中输入文字，运用"移动工具"调整文字位置，如图12-60所示。

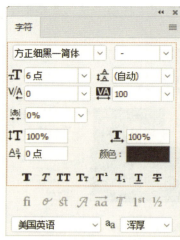
图 12-59 设置字符

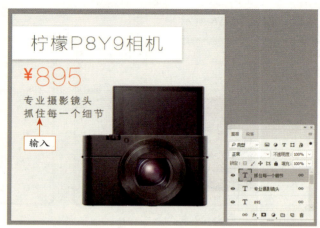
图 12-60 最终效果

运营美工篇

13 资讯媒体平台设计

学习提示

　　在移动互联网时代，人们在捕捉信息时更倾向于选择各种资讯类的新媒体平台，如今日头条、一点资讯及豆瓣等。因此，企业和自媒体人在进行营销推广时，需要重点针对这些新媒体资讯平台进行广告设计。

本章重点导航

- 一点资讯横幅广告设计
- 百度新闻推送广告设计
- 豆瓣书店页面广告设计

13.1 一点资讯横幅广告设计

在制作一点资讯平台中的主页横幅广告时,先调整背景图像的颜色并适当模糊处理,再输入文字,为文字添加图层样式,即可完成设计。

本实例最终效果如图 13-1 所示。

图 13-1 实例效果

素材文件	素材\第 13 章\横幅背景 .jpg、横幅广告文字 .psd、企业 LOGO.psd
效果文件	效果\第 13 章\主页横幅广告设计 .psd、主页横幅广告设计 .jpg
视频文件	视频\第 13 章\13.1 一点资讯横幅广告设计 .mp4

13.1.1 制作横幅广告背景效果

下面介绍制作一点资讯平台主页横幅广告背景的方法。

步骤 01 按【Ctrl + N】组合键,弹出"新建文档"对话框,设置"名称"为"主页横幅广告设计"、"宽度"为 1080 像素、"高度"为 271 像素、"分辨率"为 300 像素/英寸、"颜色模式"为"RGB 颜色"、"背景内容"为"白色",单击"创建"按钮,如图 13-2 所示,新建一个空白文档。

步骤 02 按【Ctrl + O】组合键,打开"横幅背景 .jpg"素材图像,如图 13-3 所示。

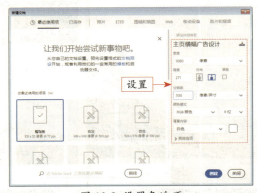

图 13-2 设置各选项

图 13-3 素材图像

步骤 03 在"调整"面板中,单击"曲线"按钮,新建"曲线 1"调整图层,效果如图 13-4 所示。

步骤 04 在展开的"属性"面板中,在曲线上单击新建一个控制点,在下方设置"输入"为 129、"输出"为 152,效果如图 13-5 所示。

图 13-4 新建调整图层

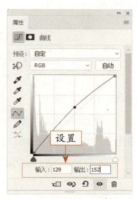
图 13-5 设置各参数

步骤 05 此时图像的亮度随之提高,效果如图 13-6 所示。

图 13-6 提高亮度

步骤 06 在"调整"面板中单击"自然饱和度"按钮,新建"自然饱和度 1"调整图层,在"属性"面板中,设置"自然饱和度"为 -20、"饱和度"为 68,效果如图 13-7 所示。

图 13-7 提高饱和度

步骤07 按【Shift + Ctrl + Alt + E】组合键，盖印可见图层，得到"图层2"图层，效果如图13-8所示。

步骤08 运用"移动工具"将素材图像拖至背景图像编辑窗口中，适当调整图像的位置，效果如图13-9所示。

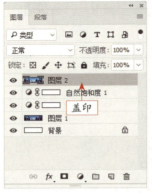

图13-8 得到"图层2"图层

图13-9 拖动图像

步骤09 选择"滤镜"|"模糊"|"方框模糊"命令，弹出"方框模糊"对话框，设置"半径"为6像素，如图13-10所示。

步骤10 单击"确定"按钮，即可应用"方框模糊"滤镜，效果如图13-11所示。

图13-10 设置"半径"参数

图13-11 图像效果

13.1.2 制作横幅广告文字效果

下面介绍制作一点资讯平台主页横幅广告文字效果的方法。

步骤 01 选取工具箱中的"横排文字工具",在"字符"面板中设置"字体系列"为"方正大黑简体"、"字体大小"为 17.5 点、"颜色"为白色(RGB 参数值均为 255),在图像编辑窗口中输入文字,如图 13-12 所示。

图 13-12 输入文字

步骤 02 ❶单击"图层"面板底部的"添加图层样式"按钮,❷在弹出的菜单中选择"渐变叠加"选项,效果如图 13-13 所示。

步骤 03 打开"图层样式"对话框,单击"点按可编辑渐变"按钮,弹出"渐变编辑器"对话框,在"预设"列表框中选择"橙,黄,橙渐变"选项,如图 13-14 所示。

图 13-13 选择"渐变叠加"选项

步骤 04 单击"确定"按钮,返回"图层样式"对话框,设置"不透明度"为 100%、"样式"为"线性"、"角度"为 90 度,选中"反向"复选框,如图 13-15 所示。

图 13-14 选择渐变颜色

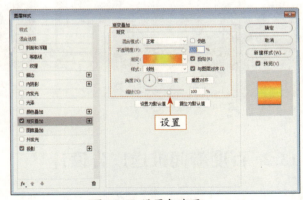

图 13-15 设置各选项

▶ 专家指点

"渐变编辑器"对话框中的"位置"文本框中显示标记点在渐变效果预览条的位置,用户可以输入数字来改变颜色标记点的位置,也可以直接拖动渐变颜色带下端的色标。按【Delete】键可将此色标删除。

13 资讯媒体平台设计 213

步骤05 选中"投影"复选框,设置"混合模式"为"正片叠底"、"不透明度"为75%、"角度"为90度、"距离"为7像素、"扩展"为0%、"大小"为5像素,如图13-16所示。

步骤06 单击"确定"按钮,即可为文字添加相应的图层样式,如图13-17所示。

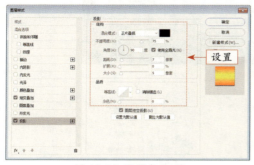

图 13-16 设置各选项

图 13-17 应用图层样式

步骤07 按【Ctrl + O】组合键,打开"横幅广告文字.psd"素材图像,运用"移动工具"将其拖至当前图像编辑窗口中的适当位置,效果如图13-18所示。

步骤08 按【Ctrl + O】组合键,打开"LOGO.psd"素材图像,运用"移动工具"将其拖至当前图像编辑窗口中的适当位置,效果如图13-19所示。

图 13-18 添加文字素材

图 13-19 添加 LOGO 素材

13.2 百度新闻推送广告设计

在制作百度新闻的图文推送广告封面设计时,先调整背景图像的偏色现象,添加相应的素材并模糊背景,营造出真实的拍照场景和景深效果,突出产品的特点,最后输入适当的宣传文字,即可完成图文推送广告封面的设计。

本实例最终效果如图13-20所示。

图 13-20 实例效果

素材文件	素材\第 13 章\封面背景 .jpg、全面屏手机 .jpg、标志 .psd
效果文件	效果\第 13 章\百度新闻推送广告设计 .psd、百度新闻推送广告设计 .jpg
视频文件	视频\第 13 章\13.2 百度新闻推送广告设计 .mp4

13.2.1 制作广告背景效果

下面详细介绍制作百度新闻图文推送广告封面背景效果的方法。

步骤 01 按【Ctrl + O】组合键,打开"封面背景 .jpg"素材图像,如图 13-21 所示。

步骤 02 按【Ctrl + M】组合键,弹出"曲线"对话框,❶在曲线上单击新建一个控制点,❷在下方设置"输入"为 120、"输出"为 150,如图 13-22 所示。

图 13-21 打开素材图像

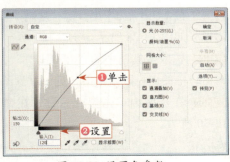

图 13-22 设置各参数

13 资讯媒体平台设计   215

步骤03 单击"确定"按钮,即可应用"曲线"调整图像亮度,效果如图 13-23 所示。

步骤04 按【Ctrl+B】组合键,弹出"色彩平衡"对话框,设置"色阶"各参数值分别为 20、-13、-12,如图 13-24 所示。

图 13-23 调整图像亮度

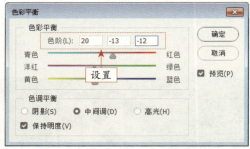

图 13-24 设置"色彩平衡"各参数

步骤05 单击"确定"按钮,即可应用"色彩平衡"调整图像,如图 13-25 所示。

步骤06 选择"图像"|"调整"|"自然饱和度"命令,弹出"自然饱和度"对话框,设置"饱和度"为 60,单击"确定"按钮,提高图像色彩的饱和度,效果如图 13-26 所示。

图 13-25 图像效果

图 13-26 提高图像饱和度

13.2.2 制作广告主体效果

下面详细介绍制作百度新闻图文推送广告封面主体效果的方法。

步骤01 按【Ctrl+O】组合键,打开"全面屏手机.jpg"素材图像,如图 13-27 所示。

步骤02 按【Ctrl+J】组合键,复制"背景"图层,得到"图层1"图层,并隐藏"背景"图像,如图 13-28 所示。

步骤03 选取工具箱中的"魔棒工具",在工具属性栏中设置"容差"为 20,在图像编辑窗口中的白色区域单击,选中背景图像,如图 13-29 所示。

步骤04 在选区内单击鼠标右键,在弹出的快捷菜单中选择"选取相似"命令,如图 13-30 所示。

图 13-27 打开素材图像

图 13-28 复制图层

图 13-29 选中背景图像

图 13-30 选择"选取相似"命令

> ▶ **专家指点**
>
> 　　在移动选区的过程中，按住【Shift】键的同时，可沿水平、垂直或45°角方向进行移动，若使用键盘上的4个方向键来移动选区，按一次键移动一个像素，若按【Shift＋方向键】组合键，按一次键可以移动10个像素的位置，若按住【Ctrl】键的同时拖动选区，则移动选区内的图像。"取消选择"命令相对应的快捷键为【Ctrl＋D】。

步骤 05 执行上述操作后，即可扩大选区，并按【Delete】键，删除选区内的图像，如图 13-31 所示。

13 资讯媒体平台设计　217

步骤06 按【Ctrl + D】组合键,取消选区,运用"移动工具"将素材图像拖至背景图像编辑窗口中,适当调整图像的大小和位置,效果如图 13-32 所示。

图 13-31 删除图像

图 13-32 拖动图像

步骤07 选取工具箱中的"魔棒工具",选中部分图像,如图 13-33 所示。

步骤08 在"图层"面板中选中"背景"图层,在选区内单击鼠标右键,在弹出的快捷菜单中选择"通过拷贝的图层"命令,如图 13-34 所示。

图 13-33 选中部分图像

图 13-34 选择"通过拷贝的图层"选项

步骤09 执行上述操作,即可复制选区内的图像,得到"图层 2"图层,效果如图 13-35 所示。

步骤10 选中"背景"图层,选择"滤镜"|"模糊"|"方框模糊"命令,弹出"方框模糊"对话框,设置"半径"为 10 像素,单击"确定"按钮,效果如图 13-36 所示。

图 13-35 得到"图层 2"图层

图 13-36 图像效果

13.2.3 制作广告文案效果

下面详细介绍制作百度新闻图文推送广告封面文案效果的方法。

`步骤 01` 选取工具箱中的"横排文字工具",在"字符"面板中设置"字体系列"为"方正细圆简体"、"字体大小"为 9 点、"颜色"为白色(RGB 参数值均为 255),并激活仿粗体图标,在图像编辑窗口中输入文字,如图 13-37 所示。

`步骤 02` 复制刚刚输入的文字,并移至合适的位置,如图 13-38 所示。

图 13-37 输入文字

图 13-38 复制文字

`步骤 03` 在"字符"面板中设置"字体大小"为 8 点,如图 13-39 所示。

`步骤 04` 运用"横排文字工具"修改文本内容,如图 13-40 所示。

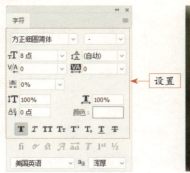
图 13-39 设置字体大小

图 13-40 修改文本内容

`步骤 05` 选中"NINGMO R7"文字,在"字符"面板中设置"字体系列"为 Century Gothic,按【Ctrl + Enter】组合键确认输入,如图 13-41 所示。

`步骤 06` 选中"系列"文字,在"字符"面板中设置"字体大小"为 6.5 点,确认输入,效果如图 13-42 所示。

图 13-41 设置字体系列效果

图 13-42 调整字体大小效果

步骤 07 选取工具箱中的"圆角矩形工具",在工具属性栏中设置"填充"为红色(RGB 参数值为 255、0、0)、"描边"为"无"、"半径"为 10 像素,在图像编辑窗口中绘制一个圆角矩形,如图 13-43 所示。

步骤 08 选中"圆角矩形 1"形状图层,单击鼠标右键,在弹出的快捷菜单中选择"混合选项"命令,打开"图层样式"对话框,❶选中"外发光"复选框,❷设置"混合模式"为"线性光"、"不透明度"为 32%、"扩展"为 6%、"大小"为 10 像素,如图 13-44 所示。

图 13-43 绘制圆角矩形

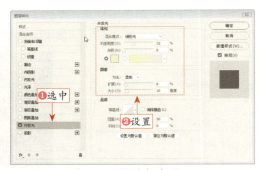

图 13-44 设置各选项

步骤 09 单击"确定"按钮,即可应用"外发光"图层样式,效果如 13-45 所示。

步骤 10 按【Ctrl + O】组合键,打开"标志.psd"素材图像,运用"移动工具"将素材图像拖至背景图像编辑窗口中,适当调整图像的位置,效果如图 13-46 所示。

图 13-45 应用图层样式

图 13-46 添加相关素材

13.3 豆瓣书店页面广告设计

在制作豆瓣平台的文章页面广告时，先打开并拖动素材图像，调整图像的亮度，输入相应的商品信息，最后再将图像拖至豆瓣界面中，即可完成设计。

本实例最终效果如图13-47所示。

图13-47 实例效果

素材文件	素材\第13章\书店背景素材.jpg、图书.psd、宣传文字.psd
效果文件	效果\第13章\豆瓣书店页面广告设计.psd、豆瓣书店页面广告设计.jpg
视频文件	视频\第13章\13.3 豆瓣书店页面广告设计.mp4

13.3.1 制作豆瓣书店页面广告主体效果

下面介绍制作豆瓣书店页面广告主体效果的方法。

步骤01 按【Ctrl＋O】组合键，打开"书店背景素材.jpg"素材图像，如图13-48所示。

步骤02 选择"滤镜"|"模糊"|"高斯模糊"命令，弹出"高斯模糊"对话框，设置"半径"为3.5像素，如图13-49所示。

图 13-48 打开素材图像

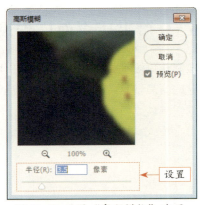

图 13-49 设置"高斯模糊"选项

步骤 03 单击"确定"按钮,即可模糊图像,效果如图 5-52 所示。

步骤 04 新建"亮度/对比度"调整图层,在"属性"面板中设置"亮度"为 28、"对比度"为 10,调整背景图像的亮度和对比度,效果如图 5-53 所示。

图 13-50 模糊图像

图 13-51 调整图像的亮度和对比度

▶ **专家指点**

应用"模糊"滤镜,可以使图像中清晰或对比度较强烈的区域,产生模糊的效果。

步骤 05 打开"图书.psd"素材图像,运用"移动工具"将其拖至当前图像编辑窗口中的合适位置,效果如图 13-52 所示。

步骤 06 双击"图层 1"图层,弹出"图层样式"对话框,选中"投影"复选框,参数设置如图 13-53 所示。

步骤 07 单击"确定"按钮,应用"投影"图层样式,效果如图 13-54 所示。

步骤 08 选取工具箱中的"椭圆选框工具",在右下角创建一个椭圆形选区,并适当调整其位置,如图 13-55 所示。

图13-52 添加图书素材

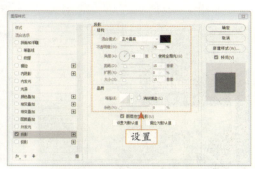
图13-53 设置"投影"参数

图13-54 应用"投影"图层样式

图13-55 创建椭圆形选区

步骤09 新建"图层2"图层，为选区填充白色，并取消选区，如图13-56所示。

步骤10 设置"图层2"图层的"不透明度"为80%，调整图像的不透明度，效果如图13-57所示。

图13-56 填充白色

图13-57 调整图像的不透明度

步骤11 为"图层2"图层添加一个图层蒙版，运用"渐变工具"从上至下填充黑色至白色的线性渐变，效果如图13-58所示。

13 资讯媒体平台设计　223

步骤 12 双击"图层 2"图层,弹出"图层样式"对话框,选中"外发光"复选框,参数设置如图 13-59 所示。

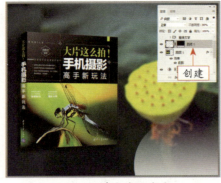

图 13-58 填充线性渐变

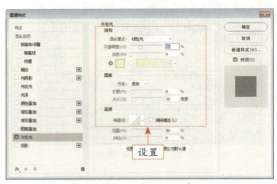

图 13-59 设置"外发光"参数

步骤 13 单击"确定"按钮,即可应用"外发光"图层样式,效果如图 13-60 所示。

步骤 14 按【Ctrl + O】组合键,打开"宣传文字.psd"素材图像,运用"移动工具"将图层组的图像拖至当前图像编辑窗口中,适当调整图像的位置,效果如图 13-61 所示。

图 13-60 应用"外发光"图层样式

图 13-61 添加文字素材

▶ 专家指点

通过复制与粘贴图层样式操作,可以减少重复操作。在操作时,首先选择包含要复制的图层样式的源图层,在该图层的图层名称上单击鼠标右键,在弹出的快捷菜单中选择"拷贝图层样式"命令。

13.3.2 制作豆瓣书店页面广告文字效果

下面介绍制作豆瓣书店页面广告文字效果的方法。

步骤 01 选取工具箱中的"直排文字工具",在"字符"面板中设置"字体系列"为"方正黄草简体"、"字体大小"为 30 点、"设置所选字符的字距调整"为 -100、"颜色"为红色（RGB 参数值分别为 237、23、98），并激活仿粗体图标，如图 13-62 所示。

步骤 02 在图像编辑窗口中输入相应的文字，如图 13-63 所示。

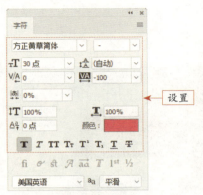

图 13-62 设置字符属性

图 13-63 输入文字

步骤 03 双击文字图层，弹出"图层样式"对话框，选中"描边"复选框，设置"大小"为 5 像素、"位置"为"外部"、"混合模式"为"正常"、"不透明度"为 100%、"颜色"为白色，如图 5-66 所示。

步骤 04 单击"确定"按钮，应用"描边"图层样式，效果如图 5-67 所示。

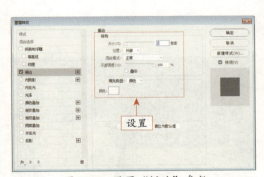

图 13-64 设置"描边"参数

图 13-65 应用"描边"图层样式

▶ **专家指点**

　　拖动普通图层中的"指示图层效果"图标 fx，可以将图层样式移动到另一图层。使用"缩放效果"命令可以缩放图层样式中所有的效果，但对图像没有影响。

　　创建图层样式后，可以将其转换为普通图层，并且不会影响图像整体效果。在效果图层上单击鼠标右键，在弹出的快捷菜单中选择"创建图层"命令，即可将图层样式转换为普通图层。另外，选择"图层"|"图层样式"|"创建图层"命令，也可以将图层样式转换为图层。

步骤 05 选取工具箱中的"圆角矩形工具",在工具属性栏中选择"工具模式"为"形状",设置"半径"为15像素、"填充"为红色(RGB参数值分别为237、23、98),绘制一个圆角矩形,如图13-66所示。

步骤 06 选取工具箱中的"矩形工具",在工具属性栏中选择"工具模式"为"形状",设置"填充"为红色(RGB参数值分别为237、23、98),绘制一个矩形,如图13-67所示。

图 13-66 绘制圆角矩形

图 13-67 绘制矩形

步骤 07 复制该矩形,并适当调整其位置,效果如图13-68所示。

步骤 08 选取工具箱中的"直排文字工具",输入相应的文字,在"字符"面板中设置"字体系列"为"微软雅黑"、"字体大小"为5点、"设置所选字符的字距调整"为200、"颜色"为白色,效果如图13-69所示。

图 13-68 复制矩形

图 13-69 输入文字

步骤 09 选取工具箱中的"直线工具",在工具属性栏中选择"工具模式"为"形状",设置"填充"为白色、"粗细"为3像素,绘制一条直线,效果如图13-70所示。

步骤 10 选取工具箱中的"直排文字工具",输入相应的文字,在"字符"面板中设置"字体系列"为"方正大黑简体"、"字体大小"为 8 点、"设置所选字符的字距调整"为 200、"颜色"为白色,效果如图 13-71 所示。

图 13-70 绘制直线形状

图 13-71 输入文字

步骤 11 双击文字图层,弹出"图层样式"对话框,选中"投影"复选框,设置"混合模式"为"正片叠底"、"不透明度"为 75%、"角度"为 30 度、"距离"为 2 像素、"大小"为 2 像素,如图 13-72 所示。

步骤 12 单击"确定"按钮,即可应用"投影"图层样式,效果如图 13-73 所示。

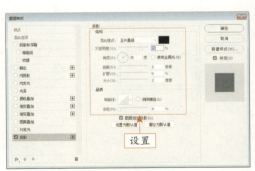

图 13-72 设置"投影"参数

图 13-73 应用"投影"图层样式

步骤 13 选取工具箱中的"直排文字工具",输入相应的文字,在"字符"面板中设置"字体系列"为 Century Gothic、"字体大小"为 3 点、"颜色"为白色,并激活仿粗体图标,效果如图 13-74 所示。

步骤 14 双击文字图层,弹出"图层样式"对话框,选中"投影"复选框,设置"距离"为 1 像素、"大小"为 1 像素,单击"确定"按钮,效果如图 13-75 所示。

图 13-74 输入文字　　　　　　图 13-75 添加"投影"图层样式

运营美工篇

14 视频直播平台设计

学习提示

　　抖音、快手等短视频应用及各种直播平台的出现，带动了短视频和直播的爆发，成就了大批的网红，也带来了很多商业机会。本章主要介绍快手、抖音和直播平台中的视觉设计实例，帮助自媒体和网红实现更好的引流效果。

本章重点导航

- 快手摄影教程宣传设计
- 抖音个人名片设计
- 直播应用宣传页面设计

14.1 快手摄影教程宣传设计

快手最初是一款用来制作和分享 GIF 图片的手机应用,如今已经从纯粹的工具应用转型为短视频社区,成为了用户记录和分享生活的平台。当然,各行各业的新媒体达人也利用这个热门的短视频平台,分享自己的特长和技能,成为自媒体引流利器。

本实例主要介绍一个快手摄影后期达人的短视频教程宣传广告设计,最终效果如图 14-1 所示。

图 14-1 实例效果

素材文件	素材\第 14 章\教程背景.jpg、人物 1.jpg、文字 1.psd、标志.psd
效果文件	效果\第 14 章\摄影教程宣传设计.psd、摄影教程宣传设计.jpg
视频文件	视频\第 14 章\14.1 摄影教程宣传设计.mp4

14.1.1 制作教程宣传主体效果

下面介绍制作短视频教程宣传广告主体效果的方法。

步骤 01 按【Ctrl + O】组合键,打开"教程背景.jpg"素材图像,如图 14-2 所示。

步骤 02 选取工具箱中的"圆角矩形工具",在工具属性栏中选择"工具模式"为"形状",设置"半径"为 60 像素、"填充"为"无"、"描边"为白色、"描边宽度"为 5 像素,绘制一个圆角矩形,如图 14-3 所示。

图 14-2 打开素材图像

图 14-3 绘制圆角矩形形状

步骤 03 双击"圆角矩形 1"图层,弹出"图层样式"对话框,选中"投影"复选框,其他参数设置如图 14-4 所示。

步骤 04 单击"确定"按钮,即可应用"投影"图层样式,效果如图 14-5 所示。

图 14-4 设置"投影"样式

图 14-5 应用"投影"图层样式

步骤 05 将"圆角矩形 1"图层栅格化,选取工具箱中的"矩形选框工具",在边框上方创建一个矩形选区,如图 14-6 所示。

步骤 06 按【Delete】键,删除选区内的图像,并取消选区,效果如图 14-7 所示。

图 14-6 创建矩形选区

图 14-7 删除选区内的图像

步骤 07 按【Ctrl + O】组合键,打开"人物 1.jpg"素材图像,如图 14-8 所示。

步骤 08 选取工具箱中的"魔棒工具",在工具属性栏中设置"容差"为 50,在绿色的背景处单击,创建选区,如图 14-9 所示。

14 视频直播平台设计　231

图 14-8 打开人物素材图像

图 14-9 创建选区

步骤 09 选择"选择"|"反选"命令，反选选区，如图 14-10 所示。

步骤 10 选择"图像"|"调整"|"亮度/对比度"命令，弹出"亮度/对比度"对话框，设置"亮度"为 20，单击"确定"按钮，调整选区内图像的亮度，如图 14-11 所示。

图 14-10 反选选区

图 14-11 调整图像亮度

步骤 11 运用"移动工具"将选区内的图像拖至背景图像编辑窗口中，适当调整人物素材的大小和位置，效果如图 14-12 所示。

图 14-12 拖入人物素材

14.1.2 制作教程宣传文字效果

下面介绍制作短视频教程宣传广告文字效果的方法。

步骤 01 选取工具箱中的"矩形选框工具",在图像中创建一个矩形选区,如图 14-13 所示。

步骤 02 选择"选择"|"变换选区"命令,调出变换控制框,如图 14-14 所示。

图 14-13 创建矩形选区

图 14-14 调出变换控制框

步骤 03 在属性栏中,设置"旋转"为 45 度,调整矩形选区的角度,效果如图 14-15 所示。

步骤 04 将选区调整至合适位置,并按【Enter】键确认变换操作,效果如图 14-16 所示。

图 14-15 调整选区角度

图 14-16 确认变换

14 视频直播平台设计

步骤 05 展开"图层"面板,创建"图层 2"图层,如图 14-17 所示。

步骤 06 设置"前景色"为天蓝色(RGB 参数值分别为 0、150、255),如图 14-18 所示。

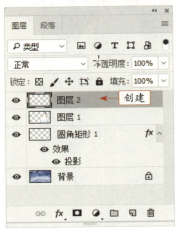

图 14-17 创建图层

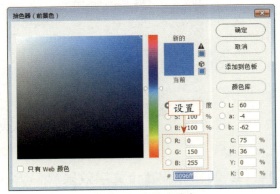

图 14-18 设置前景色

步骤 07 为选区填充"前景色",并取消选区,效果如图 14-19 所示。

步骤 08 选取工具箱中的"横排文字工具",在"字符"面板中设置"字体系列"为"微软雅黑"、"字体大小"为 12 点、"颜色"为白色,如图 14-20 所示。

图 14-19 填充前景色

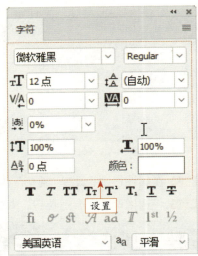

图 14-20 设置字符属性

步骤 09 在图像编辑窗口中输入相应的文字,如图 14-21 所示。

步骤 10 按【Ctrl + T】组合键,调出变换控制框,在工具属性栏中,设置"旋转"为 45 度,调整文字的角度,将文字调整至合适位置,并按【Enter】键确认变换操作,效果如图 14-22 所示。

图 14-21 输入文字　　　　　　　　图 14-22 调整文字角度

步骤 11 选取工具箱中的"横排文字工具",在"字符"面板中设置"字体系列"为"方正大黑简体"、"字体大小"为 36 点、"颜色"为白色,输入相应的文字,如图 14-23 所示。

步骤 12 双击文字图层,弹出"图层样式"对话框,选中"投影"复选框,其他参数设置如图 14-24 所示。

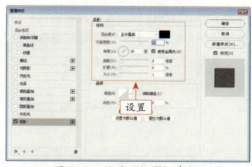

图 14-23 输入文字　　　　　　　　图 14-24 设置"投影"参数

步骤 13 单击"确定"按钮,应用"投影"图层样式,效果如图 14-25 所示。

步骤 14 选取工具箱中的"横排文字工具",在"字符"面板中设置"字体系列"为"微软雅黑"、"字体大小"为 25 点、"颜色"为白色,输入相应的文字,如图 14-26 所示。

图 14-25 应用"投影"图层样式　　　图 14-26 输入相应文字

14 视频直播平台设计

步骤 15 打开"文字 1.psd"素材图像，运用"移动工具"将其拖至背景图像编辑窗口中的合适位置，效果如图 14-27 所示。

步骤 16 打开"标志.psd"素材图像，运用"移动工具"将其拖至背景图像编辑窗口中的合适位置，效果如图 14-28 所示。

图 14-27 添加文字素材

图 14-28 添加标志素材

14.2 抖音个人名片设计

抖音，是一款可以拍摄短视频的音乐创意短视频社交软件，同时还开通了直播功能，成为了很多自媒体创业者的内容运营平台。抖音新媒体平台运营的重点在于，对内提高粉丝活跃和留存，对外则获得传播和转化，主要是为了获得新用户和进行品牌塑造。

本实例主要介绍抖音个人名片的设计方法，最终效果如图 14-29 所示。

图 14-29 实例效果

素材文件	素材\第 14 章\人物 2.jpg、彩带 .psd、装饰 .psd、文字 2.psd
效果文件	效果\第 14 章\个人名片设计 .psd、个人名片设计 .jpg
视频文件	视频\第 14 章\14.2 抖音个人名片设计 .mp4

14.2.1 制作个人名片背景效果

下面介绍制作抖音个人名片背景效果的方法。

步骤 01 选择"文件"|"新建"命令，弹出"新建文档"对话框，❶设置各个选项，如图 14-30 所示，❷单击"创建"按钮，新建一个空白文档。

步骤 02 新建"图层 1"图层，设置"前景色"为蓝色（RGB 参数值分别为 4、130、230），如图 14-31 所示。

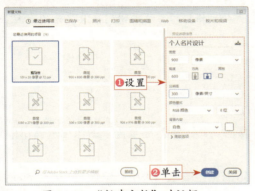

图 14-30 "新建文档"对话框

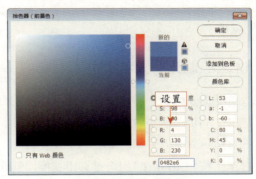

图 14-31 设置前景色

步骤 03 为"图层 1"图层填充前景色，如图 14-32 所示。

步骤 04 选取工具箱中的"矩形选框工具"，创建一个矩形选区，如图 14-33 所示。

图 14-32 填充前景色

图 14-33 创建矩形选区

步骤 05 选取工具箱中的"多边形套索工具"，在工具属性栏中单击"从选区减去"按钮，减去相应的选区区域，如图 14-34 所示。

步骤 06 新建"图层2"图层,设置"前景色"为蓝色(RGB参数值分别为5、83、200),为选区填充颜色,并取消选区,效果如图14-35所示。

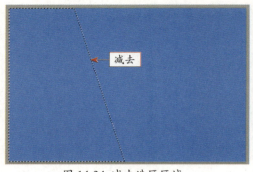
图 14-34 减去选区区域

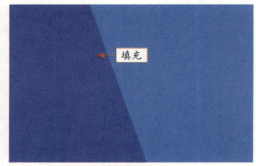
图 14-35 填充颜色

▶ 专家指点

选区具有操作灵活的特点,可多次对选区进行编辑操作,从而得到让人满意的选区形状。

14.2.2 制作个人名片主体效果

下面介绍制作抖音个人名片主体效果的方法。

步骤 01 打开"人物2.jpg"素材图像,运用"移动工具"将其拖至背景图像编辑窗口中的合适位置,效果如图14-36所示。

步骤 02 按【Ctrl + T】组合键调出变换控制框,适当调整图像的大小和位置,并按【Enter】键确认,效果如图14-37所示。

图 14-36 添加人物素材

图 14-37 调整图像

步骤 03 为"图层7"图层添加图层蒙版,运用黑色的"画笔工具"涂抹背景区域,隐藏部分图像效果,如图14-38所示。

步骤 04 打开"彩带.psd"素材图像,运用"移动工具"将其拖至背景图像编辑窗口中的合适位置,效果如图14-39所示。

图 14-38 隐藏部分图像效果

图 14-39 添加彩带素材

步骤 05 将"图层 4"图层拖至"图层 7"图层下方,调整顺序,如图 14-40 所示。

步骤 06 选取工具箱中的"矩形工具",在工具属性栏中选择"工具模式"为"形状",设置"填充"为"无"、"描边"为白色、"描边宽度"为 5 像素,绘制一个矩形,如图 14-41 所示。

图 14-40 调整调整顺序

图 14-41 绘制矩形

步骤 07 将"矩形 1"图层栅格化,选取工具箱中的"橡皮擦工具",擦除右上角的部分边框,效果如图 14-42 所示。

步骤 08 选取工具箱中的"多边形套索工具",在白色矩形右上角创建一个多边形选区,如图 14-43 所示。

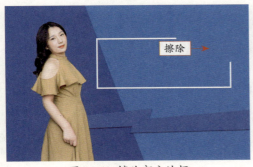

图 14-42 擦除部分边框

图 14-43 创建多边形选区

步骤09 新建"图层5"图层,设置"前景色"为浅蓝色(RGB 参数值分别为0、102、255),如图14-44所示。

步骤10 为选区填充前景色,并取消选区,效果如图14-45所示。

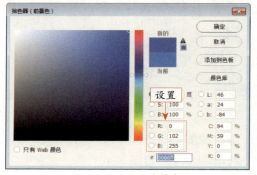

图14-44 设置前景色

图14-45 填充前景色

步骤11 双击"图层5"图层,弹出"图层样式"对话框,选中"投影"复选框,其他参数设置如图14-46所示。

步骤12 单击"确定"按钮,应用"投影"图层样式,效果如图14-47所示。

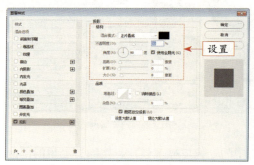

图14-46 设置"投影"参数

图14-47 应用"投影"图层样式

14.2.3 制作个人名片文字效果

下面介绍制作抖音个人名片文字效果的方法。

步骤01 打开"装饰.psd"素材图像,运用"移动工具"将其拖至背景图像编辑窗口中的合适位置,效果如图14-48所示。

步骤02 选取工具箱中的"横排文字工具",在"字符"面板中设置"字体系列"为"方正综艺简体"、"字体大小"为18点、"设置行距"为18点、"设置所选字符的字距调整"为-50、"颜色"为白色,并激活仿粗体图标,如图14-49所示。

图 14-48 添加装饰素材

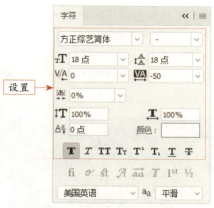
图 14-49 设置字符属性

步骤 03 在白色边框内输入相应的文字内容，效果如图 14-50 所示。

步骤 04 将文字图层栅格化，选取工具箱中的"魔棒工具"，在"设"字上创建一个选区，如图 14-51 所示。

图 14-50 输入文字

图 14-51 创建选区

步骤 05 按【Ctrl + T】组合键调出变换控制框，适当调整文字图像的大小和位置，并按【Enter】键确认，效果如图 14-52 所示。

步骤 06 按【Ctrl + D】组合键，取消选区，效果如图 14-53 所示。

图 14-52 调整文字图像

图 14-53 取消选区

步骤07 选取工具箱中的"横排文字工具",在"字符"面板中设置"字体系列"为"微软简行楷"、"字体大小"为10点、"颜色"为白色,输入相应的文字,效果如图14-54所示。

步骤08 选择"编辑"|"变换"|"斜切"命令,调出变换控制框,适当调整文字的形状并确认,如图14-55所示。

图14-54 输入文字1

图14-55 调整文字形状1

步骤09 选取工具箱中的"横排文字工具",在"字符"面板中设置"字体系列"为"微软雅黑"、"字体大小"为5点、"颜色"为白色,输入相应的文字,效果如图14-56所示。

步骤10 选择"编辑"|"变换"|"斜切"命令,调出变换控制框,适当调整文字的形状,效果如图14-57所示。

图14-56 输入文字2

图14-57 调整文字形状2

步骤11 选取工具箱中的"横排文字工具",在"字符"面板中设置"字体系列"为"微软雅黑"、"字体大小"为5点、"颜色"为白色,输入相应的文字,效果如图14-58所示。

步骤12 打开"文字2.psd"素材图像,运用"移动工具"将其拖至背景图像编辑窗口中的合适位置,效果如图14-59所示。

图 14-58 输入文字 3

图 14-59 添加文字素材

14.3 直播应用宣传页面设计

各种直播平台孵化了一大批网络红人，人人都有可能成为爆款 IP。网络主播与自媒体一样，是个人 IP 力量雄起的一种表现，过去人们追求的往往是明星，如今人们则是将自己追求的对象对准了网络中的"平民英雄"。

本实例介绍的是直播应用的宣传页面的设计，效果如图 14-60 所示。

图 14-60 实例效果

	素材文件	素材\第 14 章\星形点缀 .psd、人物 3.jpg、星光 .jpg、星形装饰 .psd、直播元素 .psd、手机 .jpg
	效果文件	效果\第 14 章\直播应用宣传页面设计 .psd、直播应用宣传页面设计 .jpg
	视频文件	视频\第 14 章\14.3 直播应用宣传页面设计 .mp4

14.3.1 制作直播应用背景效果

下面介绍制作直播应用宣传页面背景效果的方法。

步骤 01 选择"文件"|"新建"命令,弹出"新建文档"对话框,❶设置相应选项,如图 14-61 所示,❷单击"创建"按钮,新建一个空白文档。

步骤 02 新建"图层 1"图层,设置"前景色"为黄色(RGB 参数值分别为 255、180、0),如图 14-62 所示。

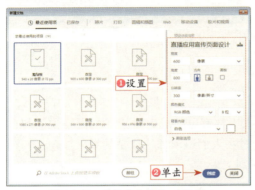
图 14-61 "新建文档"对话框

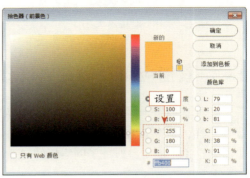
图 14-62 设置前景色

步骤 03 为"图层 1"图层填充前景色,如图 14-63 所示。

步骤 04 打开"星形点缀.psd"素材图像,运用"移动工具"将其拖至背景图像编辑窗口中的合适位置,效果如图 14-64 所示。

图 14-63 填充前景色

图 14-64 添加星形图案素材

步骤 05 在"图层"面板中,设置"星形图案"图层的"不透明度"为 80%,调整图像的不透明度效果，如图 14-65 所示。

步骤 06 按【Ctrl + O】组合键，打开"手机 .jpg"素材图像，如图 14-66 所示。

图 14-65 调整"不透明度"

图 14-66 打开素材图像

▶ 专家指点

图层可以看作是一张独立的透明胶片，其中每张胶片上都绘有图像，将所有的胶片按"图层"面板中的排列次序，自上而下地进行叠加，最上层的图像遮住下层同一位置的图像，而在其透明区域则可以看到下层的图像，最终通过叠加得到完整的图像。

步骤 07 选取工具箱中的"魔棒工具"，在工具属性栏中设置"容差"为 50，在白色背景上单击，创建选区，如图 14-67 所示。

步骤 08 选择"选择"|"反选"命令，反选选区，按【Ctrl + C】组合键，复制选区内的图像，如图 14-68 所示。

图 14-67 创建选区

图 14-68 反选选区

步骤 09 切换至背景图像编辑窗口中,按【Ctrl + V】组合键,粘贴选区内的图像,如图 14-69 所示。

步骤 10 按【Ctrl + T】组合键,调出变换控制框,调整图像的大小,并按【Enter】键确认变换操作,效果如图 14-70 所示。

图 14-69 粘贴图像

图 14-70 调整图像

14.3.2 制作直播应用主体效果

下面介绍制作直播应用宣传页面主体效果的方法。

步骤 01 打开"人物 3.jpg"素材图像,运用"移动工具"拖至背景图像编辑窗口中,适当调整其大小和位置,效果如图 14-71 所示。

步骤 02 隐藏"图层 7"图层,选取"图层 1"图层,运用"魔棒工具"在黑色的手机屏幕上创建选区,如图 14-72 所示。

图 14-71 添加人物素材

图 14-72 创建选区

步骤 03 按【Ctrl＋J】组合键复制选区内的图像，并显示"图层7"图层，单击鼠标右键，在弹出的快捷菜单中选择"创建剪贴蒙版"命令，如图14-73所示。

步骤 04 执行操作后，即可创建剪贴蒙版，隐藏不需要显示的图像，效果如图14-74所示。

图 14-73 选择"创建剪贴蒙版"命令

图 14-74 创建剪贴蒙版

步骤 05 打开"星光.jpg"素材图像，运用"移动工具"拖至背景图像编辑窗口中，适当调整其大小和位置，效果如图14-75所示。

步骤 06 设置"图层4 拷3"图层的"混合模式"为"滤色"，改变图像效果，如图14-76所示。

图 14-75 添加星光素材

图 14-76 设置混合模式

步骤 07 复制多个星光图像，并适当调整各图像的大小和位置，效果如图14-77所示。

步骤 08 打开"直播元素.psd"素材图像，运用"移动工具"拖至背景图像编辑窗口中的合适位置，效果如图14-78所示。

图14-77 复制并调整星光图像

图14-78 添加直播元素素材

14.3.3 制作直播应用文字效果

下面介绍制作直播应用宣传页面文字效果的方法。

步骤 01 打开"星形装饰.psd"素材图像，运用"移动工具"拖至背景图像编辑窗口中的合适位置，效果如图14-79所示。

步骤 02 选取工具箱中的"横排文字工具"，在"字符"面板中设置"字体系列"为"方正卡通简体"、"字体大小"为20点、"颜色"为白色，并激活仿粗体图标，如图14-80所示。

图14-79 添加星形装饰素材

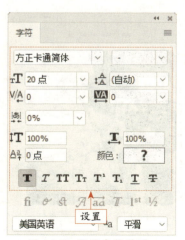

图14-80 设置字符属性

步骤03 在图像中输入相应的文字内容，效果如图14-81所示。

步骤04 选中"星"字，设置文字的"颜色"为红色（RGB参数值分别为255、4、0），效果如图14-82所示。

图14-81 输入文字

图14-82 设置文字颜色

步骤05 双击文字图层，弹出"图层样式"对话框，选中"投影"复选框，其他参数设置如图14-83所示。

步骤06 单击"确定"按钮，应用"投影"图层样式，效果如图14-84所示。

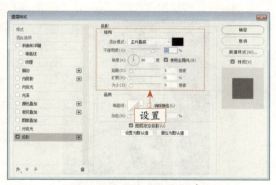

图14-83 设置"投影"参数

图14-84 应用"投影"图层样式

步骤07 选取工具箱中的"横排文字工具"，在"字符"面板中设置"字体系列"为"微软雅黑"、"字体大小"为8点、"颜色"为白色，并激活仿粗体图标，如图14-85所示。

步骤08 在图像中输入相应的文字内容，效果如图14-86所示。

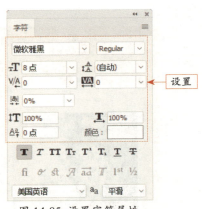

图 14-85 设置字符属性　　　　　图 14-86 输入文字

步骤 09 选取工具箱中的"直线工具",在工具属性栏中选择"工具模式"为"形状",设置"粗细"为 3 像素,绘制一条直线,效果如图 14-87 所示。

步骤 10 复制直线,并适当调整其位置,效果如图 14-88 所示。

图 14-87 绘制直线　　　　　图 14-88 复制直线

▶ 专家指点

在 Photoshop 中,使用"直线工具"可以创建直线和带有箭头的线段,在使用"直线工具"创建直线时,首先需要在工具属性栏中通过"粗细"选项设置直线的宽度。